移动云计算中
计算卸载和资源分配问题的研究

刘立卿　范　宽　著

U0395317

东北大学出版社

·沈　阳·

图书在版编目（CIP）数据

移动云计算中计算卸载和资源分配问题的研究／刘
立卿，范宽著. -- 沈阳：东北大学出版社，2024.8.
ISBN 978-7-5517-3656-5

Ⅰ. TP393. 027

中国国家版本馆 CIP 数据核字第 2024B5U674 号

内容简介

　　计算卸载和资源分配是移动云计算中至关重要的环节，通过合理使用计算卸载和资源分配技术，可以实现移动云计算系统的高效运行和优化资源利用。

　　本书分为 7 章。第 1 章是绪论，介绍了移动云计算的研究背景和意义以及研究现状。第 2 章是移动自组织云中计算卸载策略的研究，从主设备对各个从设备的定价和从设备提供的执行单元的数量两方面进行研究。第 3 章研究单用户在有、无雾服务器接入两种情形下的静态计算卸载策略，目的是使能量消耗和执行时延达到最优。第 4 章是多用户在异构网络中静态计算卸载策略的研究，提出了最小化能量消耗、执行时延、价钱花费的多目标优化问题。第 5 章是基于广义纳什均衡的多用户动态计算卸载策略的研究，将能量收集和社交关系引入移动云计算。第 6 章研究静态和动态子信道的 5G 多接入边缘计算异构网络中的多用户动态计算卸载和资源分配问题，讨论了在静态和动态子信道情况下的系统平均执行时延最小化问题。第 7 章是具有多信道的车联网动态计算卸载策略的研究，将时段分为高峰和非高峰时期，同时考虑边缘服务器缓存。

　　本书全面、系统地阐述了移动云计算中计算卸载和资源分配的研究内容和最新成果，可作为我国边缘计算领域的科研工作和工程应用的参考用书。

出 版 者：东北大学出版社
　　　　　　地址：沈阳市和平区文化路三号巷 11 号
　　　　　　邮编：110819
　　　　　　电话：024-83683655（总编室）
　　　　　　　　　024-83687331（营销部）
　　　　　　网址：http://press.neu.edu.cn
印 刷 者：辽宁虎驰科技传媒有限公司
发 行 者：东北大学出版社
幅面尺寸：170 mm×240 mm
印　　张：10.25　　　　　　　　字　　数：205 千字
出版时间：2024 年 8 月第 1 版　　印刷时间：2024 年 8 月第 1 次印刷
策划编辑：汪子珺　　　　　　　　责任编辑：项　阳
责任校对：曹　明　　　　　　　　封面设计：潘正一
责任出版：初　茗

ISBN 978-7-5517-3656-5　　　　　　　　　　定　价：58.00 元

前　言

　　在传统的中心计算时代，人们利用中心云强大的计算能力和存储资源，享受云计算带来的便利。但是，随着全球移动设备呈指数型暴增和计算密集型计算服务的不断涌现，大量移动设备接入网络并请求各种网络服务，网络带宽成为瓶颈，云计算较高的延迟不能很好地满足某些时延敏感型应用的需求。于是，移动云计算（mobile cloud computing，MCC）作为云计算和移动通信技术相结合的一种新型计算模式应运而生。在传统的移动计算环境中，移动设备的计算能力有限，并且受限于存储和电池容量等硬件资源限制，无法满足日益增长的计算需求。而云计算具备强大的计算和存储能力，可以为移动设备提供更多的资源支持。在移动云计算模式下，移动用户可以将计算密集型任务通过无线网络传输到远端云服务器并执行，达到缓解移动设备计算和存储限制、延长电池使用寿命等目的。将移动设备与云计算相结合，通过实现计算卸载和资源分配，以提高移动设备的计算能力和用户体验。

　　在万物互联的背景下，随着日益紧张的网络通信资源以及传统数据处理方式下时延高、数据实时分析能力匮乏等缺陷，移动云计算在处理大量数据时经常面临显著的延迟问题。由于移动云计算需要将数据传输到远程云端服务器进行处理，然后将处理结果返回用户端，这个过程会引入一定的传输延迟。在对延迟要求较高的应用场景（如自动驾驶、智能交通等）下，这种延迟可能会影响系统的性能和稳定性，因此，资源逐渐从中心下沉到了网络边缘。在边缘计算中，计算任务不仅可以放在云中心执行，还可以在距离数据源更近的边缘设备上进行处理，以达到减少传输延迟、提高系统响应速度和实时性的目的。因此，如何合理分配边缘设备和云中心的计算、存储资源，更快更好地完成计算任务，成为研究的重点。

　　著者在云计算和边缘计算领域进行了一系列深入而系统的研究工作。本书

1

针对移动云计算中的计算卸载和资源分配问题，针对多种不同的情况构建了计算卸载模型，包括移动自组织云（Ad Hoc Mobile Cloud）、单用户有雾服务器接入、单用户无雾服务器接入、多用户有雾服务器接入、多用户动态计算卸载、动态子信道与静态子信道下多用户动态计算卸载、高峰与非高峰时期多用户动态计算卸载等场景。书中绝大部分内容取材于著者近期在国际、国内高端学术期刊和重要国际学术会议上发表的论文和课题成果，全面、系统地展示了很多新的研究成果和进展。

本书重点研究移动云计算网络中的计算卸载策略问题，在结构上分为7章。

第1章是绪论。首先介绍了云计算和边缘计算的研究背景和意义，以及计算卸载的相关理论；然后对移动云计算在移动自组织云中的计算卸载问题、在异构无线网络中单用户/多用户的静态/动态计算卸载问题、在车联网背景下的计算卸载问题研究的最新进展进行了综述，并介绍了本书其他章节的研究内容。

第2章是移动自组织云中计算卸载策略的研究。首先介绍了移动自组织云的概念，然后构建了包括一个主设备（master device，MD）和若干个从设备（slave device，SD）的移动自组织云计算卸载模型，从主设备对各个从设备的定价和从设备提供的执行单元的数量两方面进行研究。因为主设备和从设备之间是不对等的关系，构造了一个两层的 Stackelberg（斯塔克尔伯格）博弈模型，验证了在 Stackelberg 博弈模型的纳什均衡点处，主从设备可以同时实现效益的最大化，且纳什均衡点存在且唯一，随后利用 Lagrangian（拉格朗日）乘子法和对应的 KKT（Karush-kuhn-Tucker）条件求出了最优解。

第3章是单用户在异构网络（Heterogeneous Network）中静态计算卸载策略的研究。主要研究了单用户在有雾服务器接入和无雾服务器接入两种情形下的服务请求卸载问题。针对有雾服务器接入的情形，当全部的服务请求到达速率总和小于雾服务器的最大接收速率时，所有卸载的服务请求都在雾服务器端执行，不需要远程云的协助；当全部到达速率总和大于雾服务器最大接收速率时，则雾服务器只能处理最大接收速率的服务请求，过载的服务请求将继续卸载到远程云上执行。面对无雾服务器接入的情形，服务请求会直接卸载到远程云上计算。引入排队论对各部分的执行时延进行模拟，提出了一个多目标优化问题，进而转化为一个单目标优化问题，利用内点法（interior point method，

IPM）求解了最优卸载概率。

第 4 章是多用户在异构网络中静态计算卸载策略的研究。本章在第 3 章研究的基础上构建了一个有雾服务器接入的多用户计算卸载模型，目标是优化系统内每个移动设备的卸载概率和发送功率。在研究的过程中，本章对雾服务器的最大接收速率和全部服务请求到达速率的总和进行了比较和分情况处理。在对移动设备、雾服务器、远程云进行时延模拟时引入了排队论搭建模型，提出了最小化能量消耗、执行时延和价钱花费（energy consumption & execution delay & price cost，E&D&P）的多目标优化问题，基于权重算法和无量纲化处理，将原本的多目标优化问题转化为单目标优化问题，并基于 IPM 算法求解了各个移动设备的最优卸载概率和发送功率。

第 5 章是基于广义纳什均衡（generalized Nash equilibrium problems，GNEP）的多用户动态计算卸载策略的研究。将能量收集（Energy Harvestings）和社交关系（Social Relationship）引入到模型中。首先，使用排队论模拟移动设备、雾服务器和远程云服务器的任务执行过程。在此过程中，考虑移动设备具有能量收集功能，收集的能量会用于本地任务执行或者发送端口卸载，电池能量在相邻时隙内是耦合的，同时由于社交关系的引入，使移动设备在制定执行策略时要考虑与其具有社交关系的移动设备群的策略集。通过数学模拟得到移动设备群的平均执行花费，将提出的 GNEP 问题通过指数型惩罚函数的方法使得待优化的 GNEP 转化成了传统的 NEP。最后，基于半光滑牛顿法求解了最优执行策略。

第 6 章是具有静态和动态子信道的 5G 多接入边缘计算（multi-access edge computing，MEC）异构网络中的多用户动态计算卸载和资源分配的研究。首先，构建出包括具有能量收集功能的移动设备群、小型基站（small base station，SBS）和宏基站（macro base station，MBS）在内的任务卸载模型。随后，针对静态子信道情况，得到原问题的 Lyapunov（李雅普诺夫）漂移和惩罚函数。对于确定性的时隙，将复合决策变量组合为两个简单变量，通过模拟退火遗传算法（simulated annealing genetic algorithm，SAGA）进行求解；对于动态子信道情况，采取主从问题模型，从问题的目的是通过 SAGA 算法得到确定性衰落块最优资源分配方法，主问题通过序列二次规划（sequential quadratic programming，SQP）方法在不同衰落块上获得最优的卸载概率分配。

第 7 章是基于 Lyapunov 优化的多用户动态计算卸载策略的研究。考虑到道路交通网络在不同时段的车辆数目不同、子信道资源和 MEC 计算资源不同，开发了具有多个能量收集功能的车辆 MEC 车联网系统中非高峰时段和高峰时段的任务卸载和资源分配方案。在非高峰时段，车辆的计算任务可以直接通过信道卸载到 MEC 服务器上，而不在本地执行，平均执行时延最小化问题被模拟为一个整数规划问题，并通过 SAGA 求解。在高峰时期，计算任务可本地执行，也可卸载到 MEC 服务器，采取深度 Q 网络（Deep Q-network）来解决。

本书特色鲜明，主要体现为以下几点。

（1）完整性。内容丰富全面，结构合理，体系完整。对移动云计算中计算卸载和资源分配的各种场景（包括移动自组织云、单用户在有雾服务器/无雾服务器接入时场景、多用户在有雾服务器接入时场景、静态和动态子信道下多用户动态计算卸载场景以及车联网环境下多用户动态计算卸载场景）进行了全面和系统的介绍。

（2）实用性。结合给出的具体场景构建模型，并根据流行且实用的各类算法对模型参数进行求解。本书各章节按照移动云计算技术的发展顺序进行编写，具有很强的实用性。

（3）学术性。本书具有一定的理论高度和学术价值，书中绝大部分内容取材于著者近期在国际、国内高端学术期刊和重要国际会议上发表的论文，全面展示了大量关于移动云计算（包括车联网）中计算卸载和资源分配方向最新的科研成果，具有很高的学术参考价值。

本书适合作为我国计算机网络和通信领域的教学、科研工作和工程应用参考用书。既可以供计算机、通信、电子、信息等相关专业的研究生和大学高年级学生学习使用，也可以供计算机网络研究开发人员、网络运营商等网络工程技术人员参考。

著者的研究工作得到国家自然科学基金青年科学基金项目（基于区块链的车联网计算卸载优化技术研究，62201135），河北省自然科学基金青年科学基金项目（车联网边缘计算卸载与通信安全技术研究，F2021501032）等多个项目的资助，在此致以深深的谢意！此外，感谢河北省海洋感知网络与数据处理重点实验室（Hebei Key Laboratory of Marine Perception Network and Data Processing）的大力支持！

本书的部分内容取自著者博士毕业论文《移动云计算网络中计算卸载策略的研究》。此外，在本书的写作过程中，著者研究团队中的硕士研究生郭翔宇、王锦涛等做了大量细致而辛苦的工作，范宽老师对整本书做了细致地检查，在此一并表示衷心的感谢。

由于著者水平所限，加之移动云计算中计算卸载与资源分配的研究仍处于不断深入的过程中，新的研究成果不断涌现，书中错误和不足之处在所难免，恳请专家、读者予以指正。

著 者
2024 年 5 月于东北大学秦皇岛分校

目　录

第1章 绪 论

◆ 1.1 研究背景和意义

云计算是计算机科学与技术领域的一场技术革命。它是由网络计算、分布式计算,并行处理发展来的,是一种新兴的商业计算模式。云计算平台是一个强大的"云"网络,连接了大量并发的网络计算和服务,而且每个服务器的计算能力都可以通过虚拟化技术进行扩展;云计算平台还可以将各自的资源整合起来,实现计算和存储等功能。云计算的本质特征包括按需自助服务、广泛的网络接入、资源汇集、快速弹性、可测服务等。根据资源的不同类型,将云计算的服务模式划分为三类:基础设施即服务(infrastructure as a service, IaaS)、平台即服务(platform as a service, PaaS)、软件即服务(software as a service, SaaS)。[1]基于此,云计算在生活中有着较为广泛的应用。

与此同时,随着电子信息技术和无线网络的快速发展,智能手机、平板电脑等移动终端设备的计算、存储能力不断提升,且开始大量接入网络。互联网、4G、5G、无线宽带等多种接入方式呈现出融合发展的趋势,云计算已经逐步从PC机扩展到移动终端设备上,从而催生了新的计算模式——移动云计算[2]。移动云计算是指通过移动无线网络以按需、易扩展的方式获得所需的基础设施、平台、软件(或应用)等的一种IT资源或者(信息)服务的交付与使用模式,是云计算技术在移动互联网中的应用。和云计算一样,移动云计算同样有三种基本的云服务类型,即IaaS, PaaS, SaaS。

根据移动云组成方式的不同,可以将其分为三种模式:① 基于移动设备的移动自组织云模式;② 基于本地微云模式,发展出比较相近的雾计算和移动边缘计算;③ 基于远程云模式,通过移动自组织网络,对智能手机、移动车辆等这些零星且快速变化的移动资源进行汇总整合,形成了移动自组织云[3]。车联网就是基于远程云模式的一种应用场景。车辆通过通信网络连接到远程的云服务器，利用远程云上的计算和存储资源来进行自我的各种服务。微云基于移动计算提出，将云服务的资源从核心网络迁移到离终端更近的网络资源[4]。雾计算中"雾"的命名源自"雾是更贴近于地面的云"，是通常不完全位于网络边缘的高度虚拟化的平台[5]。移动边缘计算即为在移动基站上部署计算、存储等资源，为5G通信网络的核心技术[6]。远程云一般通过WAN(广域网)对应用和数据进行传输，产生的网络时延和抖动都会对实时交互式应用的服务质量和用户体验产生严重的影响[7]。本书将重点研究移动自组织云模式、雾计算和远程云的综合模式、雾计算模式以及车联网的相关内容。

自移动云计算出现后，云计算技术的发展形式更加多元化和灵活化。随着自动驾驶和车联网的发展，各种车辆应用不断涌现，接入网络的车辆数量呈爆炸式增长，传统的中心化云计算架构在处理车联网数据时存在延迟和带宽压力大的问题，因此，研究人员将边缘计算引入车联网，形成了一种新的网络范式——车辆边缘计算(vehicular edge computing, VEC)。在VEC网络中，计算或存储资源附着在网络边缘，如路边单元或基站上，为路边单元或基站范围内的车辆提供服务。智能车辆将本地计算密集型任务卸载到VEC服务器上，从而更有效地执行这些任务，减少数据传输延迟，提高实时性和响应速度。本书将重点研究移动自组织云模式、雾计算和远程云的综合模式以及车辆边缘计算模式。

◆ 1.2 计算卸载

1.2.1 计算卸载的分类和过程

将资源短缺的移动终端设备上的服务请求迁移到其他资源更加充足的设备上去执行的方式叫作计算卸载(Computation Offloading)。[8-10]卸载是一种数据存储和计算在云端进行，而不是在终端设备中完成的机制。因此，卸载可以延长原设备的电池寿命，解决原设备存储和资源限制等问题。

根据卸载方法分类，可以将卸载分为粗粒度卸载和细粒度卸载。粗粒度卸载又称完全卸载，即将整个程序都迁移到云服务器上运行，不需要对程序做进一步的划分；细粒度卸载又称局部卸载，即对程序进行划分，然后将程序的一部分迁移到资源充足的设备上运行。根据卸载决策的制定时间分类,可以将卸载分为静态卸载和动态卸载。其中,静态卸载是指在程序执行前就制定好卸载策略,在任务过程中不再对卸载决策做任何改变。这种卸载由于没有考虑移动终端的移动性以及无线、计算资源的实时变化,会导致程序的执行效率较低,最终影响移动设备的服务性能。动态卸载是指在卸载的初始时刻,与静态卸载相似,通过对参数的估计制定初始策略,然后在程序执行期间实时调整卸载策略,以适应无线、服务器资源的动态变化。

从上述对计算卸载的分类可以观察出,给定一个移动云计算环境,将卸载的任务从当前移动设备迁移到资源较丰富的云服务器的过程中,可能面临如下问题:任务是否进行卸载,什么时候进行卸载,卸载到哪个(些)云资源服务器,如何进行卸载等。故需对卸载的具体过程进行研究。一般来说,为了在移动云计算环境中完成计算卸载,需要信息收集、卸载决策制定(包括划分、调度)、远程执行控制等步骤,如图 1-1 所示。

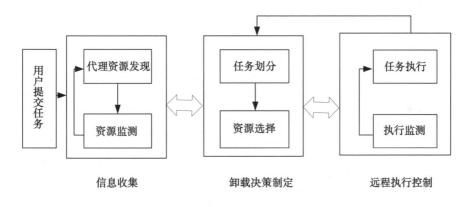

图 1-1 计算卸载框架体系

现对卸载的过程进行具体阐述。

首先,当移动终端提交了卸载任务之后,开始进行信息收集。代理资源发现模块立刻搜索资源较充足的代理服务器(可以是多个),以备卸载需要。同时,资源监测模块动态地监测移动终端和代理服务器上的可用资源,并估计卸载任务的资源需求,将这些信息反馈给卸载决策制定模块。

卸载决策制定模块根据反馈的信息,对是否进行卸载、何时卸载、卸载到哪个(些)代理服务器、采取何种方式进行卸载等一系列决策问题进行分析,然后按照分析结果制定卸载决策。判断是否进行卸载的主要原因是在进一步制定卸载决策之前,对卸载的必要性进行判断。具体而言,是在本地执行成本(能量、时延等)和卸载执行成本之间进行权衡。何时卸载的问题关键涉及卸载决策的时机选择,分为静态卸载和动态卸载两类。卸载到哪个(些)代理服务器主要涉及卸载任务与可用代理服务器的匹配问题。移动终端可以根据偏好、网络质量、能耗、时延等因素为卸载的任务选择一个理想的代理服务器,并把任务卸载到该服务器。任务划分和资源选择是卸载决策的核心。任务划分主要是通过算法把一个计算密集型的任务划分为尺寸较小的组件集,将本地执行部分和卸载的部分看作优化问题。可卸载的部分有时还可以划分为尺寸更小的组件集,从而调度到多个不同的代理服务器上去执行。卸载决策制定是整个计算卸载框架的核心。

远程执行控制模块负责在决策完成后建立与代理服务器的网络连接,把任务卸载到目标代理服务器上,监测任务的执行过程,包括目标代理服务器的位置、任务完成情况等,并回收返回的执行结果等。当卸载的任务在目标代理服务器上无法完成时,远程执行控制模块会及时地把信息反馈到卸载决策制定模块,以便及时地做出调整。

1.2.2　计算卸载的国内外研究现状

计算卸载是移动云计算的基础原理与典型应用。通过计算卸载技术可增强移动设备端的数据处理能力,从而减少能量消耗。寻求合理有效的计算卸载方案成为近年来移动云计算方向的研究热点之一。通过对近几年计算卸载方向的文章进行总结分析,可以将计算卸载的研究现状分为如下几类。

(1)关于移动自组织云中计算卸载问题的研究现状。[11-23]

随着高性能智能终端和移动通信技术的迅猛发展,移动终端设备的计算性能、电量、存储能力等都有了极大的提高,移动自组织云将这些资源汇集在一起。在文献[11]中,Chen 等重点介绍了移动自组织云的基础知识,指出移动自组织云中的每个移动设备都可以作为计算服务提供者或者计算服务请求者,同时将其与其他计算模式进行了对比。在文献[12]中,Le 等考虑到用户和微云移动的不确定性以及微云资源的可用性,构造了一个基于马尔可夫决策过程(Markov decision process, MDP)的移动自组织云的计算卸载问题;考虑微云及用户的队列状态,提出了一种基于强化学习的卸载方案,确定用户本地执行的任务量以及卸载到微云的任务量。在文献[13]中,Le 等考虑到用户和微云的移动性、无线传输信道的时变性、微云计算资源的有效性,利用马尔可夫决策过程制定卸载策略,目的在于最大化移动设备得到利益,同时最小化卸载成本。在文献[14]中,Wang 等基于多跳自组织网中对基于组件的线性应用的平均时延最小化的问题展开研究,将优化问题表述为移动节能处理能力有限约束条件下的一般整数线性规划问题,并基于一组优化算法求得。在文献[15]中,Zhang 等提出了一个基于定价的多买方多卖方的移动自组织云模型,采用三分法来求最优解。在文献[16]中,Le 等利用马尔可夫决策过程使用户在制定最优决策的同时满足其服务质量要求。在文献[17]中,Li 等提出了一种基于移动用户行为的移动云拓扑形成与优化的方法,将具有相似行为特征的移动用户进行分组。

车载自组织云是一种特殊的移动自组织云,在车载云网络中,车辆与车辆之间能够在临时组建的快速变化的车载自组织网络中进行信息和计算资源的共享,还可以通过路边基础设施访问云计算资源中心,进而获取更充分的计算资源。在文献[18]中,Retal 等研究了一个车载云中的计算卸载,为使连接的车辆数量达到最大化,同时进行合理的负载分配,提出了一个基于两个模型的移动网关选择的多目标优化系统,并采用不同的求解策略,使决策者能够选择合适的解决方案。在文献[19]中,Zhang 等研究了移动设备在微云、远程云、车载云中寻找资源,以完成卸载。当有时延限制的时候,若微云或者远程云可以满足时延要求,即将任务量卸载到微云或者远程云去执行。若不能满足要求,车载云作为补充资源,可以选择合适的目标车辆,将计算量在车载云端执行。在文献[20]中,刘建航等针对在车联网中多任务协助下载过程中下载不均衡、盲区时空资源利用率低等问题,提出了一种在车联网协助下的选车策略。该策略使用二维矩阵定义盲区时空资源和选车行为,利用马尔可夫决策过程对盲区时空资源分配问题进行求解,再通过车联网通信特点简化选车行为,以减少计算复杂度。在文献[21]中,Sun 等介绍了将计算任务卸载到车载云的模型。其将计算任务划分为几组相互依赖的部分,并分配到不同的车辆上执行。采用以车辆停留时间模拟车辆的移动性,将问题归纳为 NP-hard 问题,并设计了一种改进的基于遗传算法的调度方案,以解决系统执行时间最小的优化问题。在文献[22]中,Wu 等针对车载云中的车辆在卸载任务过程中可能遇到窃听这一安全隐患问题,在卸载时使用物理层安全工具对资源管理进行调查,以非正交多址接入、多访问辅助计算卸载以及移动性和延迟感知卸载三种技术防御窃听攻击。在文献[23]中，Liu 等研究了车载云中车辆终端的计算卸载过程，综合考虑了提供服务的车载终端计算资源、服务完成时间以及边缘服务器的定价，提出了一种分布计算卸载策略，从而确保了卸载终端的服务质量。

（2）关于异构无线网络中单用户/多用户静态计算卸载问题的研究现状。

从研究类型来看，研究的模型大多为单任务型，即系统模型中的移动用户（单个或者多个）仅有一个任务需要执行，从而研究是否卸载、如何卸载的问题。[24-32]

移动设备可以选择本地执行或卸载执行此任务，且两种计算方式只能选择一种，故执行策略通常为 0 和 1 这两个整数变量。在引用的几篇文献中，Chen 利用博弈论提出了一个有效的单任务通过单信道传输的多用户计算卸载方案，构造势博弈函数，证明了优化问题的纳什均衡点存在且唯一，从而求得最优卸载策略。[24]接着，Chen 等又将模型进行改善，构造了多用户将各自单一任务通过多信道进行卸载的移动边缘计算模型。构造的优化问题为 NP-hard 问题，同样构造了势博弈函数，在证明了纳什均衡点存在且唯一后，利用分布算法求得最优卸载策略。[25]Josilo 等考虑了一个在密集无线网络的多用户的计算卸载问题，用户均以自我利益为中心且需要对使用的云资源进行付费。其同样采取博弈算法，通过算法求得纯策略博弈的纳什均衡点，以寻找移动设备和云服务商的最优策略。[26]Zhang 等研究了在由大基站和小基站同时工作时多用户将各自单一任务进行卸载的移动边缘计算模型。大基站和小基站共享多个信道，用户可以选择大基站或小基站接入信道传输任务，但会相互产生干扰，于是结合 5G 异构网络多接入的特征，设计了 EECO（Energy Efficient Computation Offloading）算法，综合卸载策略和无线资源分配，使系统所有设备的能量消耗最小。[27]Zhang 等考虑到移动设备和微云的断断续续的连接，通过对用户的移动模型和微云接纳模型进行数学模拟，计算出任务被成功卸载的概率，最后利用马尔可夫决策过程模拟和求解用户的最优卸载策略。[28]Wu 通过综合考虑云资源的多样性、网络连接的时断性、移动程序的复杂性、数据传输的干扰性等，构造了一个多目标计算卸载模型，旨在使移动设备的任务以最合适的方式执行。[29]Alelaiwi 提出了一种基于深度学习的响应时间预测计算卸载方法，使用 RBM（Restricted Boltzmann Manchines）学习方法模拟了雾服务器和远程云服务器中可用资源的随机性，从而明确了卸载的服务请求具体迁移到哪类服务器上。[30]Xu 等人探讨了将边缘计算与数字孪生赋能的车联网集成，以提升智能交通能力的

可行性。其通过更新车辆的数字孪生并将服务卸载到边缘计算设备，使用深度
Q 网络进行服务卸载。[31]Samy 等人提出了在 MEC 中使用区块链技术和深度强
化学习进行安全任务卸载，利用区块链，任务卸载决策和数据交换可以被安全
地记录和验证，确保了卸载任务的完整性和真实性，防止恶意篡改和数据泄
露。[32]

　　微云的安置问题也是异构无线网络计算卸载问题的研究热点。Xu 等从微
云安置角度来介绍计算卸载，通过在无线城域网（wireless metropolitan area net-
work，WMAN）所有接入点处选择若干个位置安装微云，使所有选择卸载的用户
接入微云的平均时延最小，然后将其转化为整数线性规划问题，最后利用启发
算法求得。[33]Zhao 等人详细研究了微云的最优部署方案，通过应用软件定义网
络技术，同时考虑到众多基于应用软件定义网络的接入点的复杂排队过程，为
微云部署提供灵活、可编程的管理。[34]相似地，Ma 等从服务商的利益和用户时
延两个方面来介绍无线城域网中微云的安置、资源分配以及用户分配问
题。[35-36]

　　从研究目标来看，研究的模型大多为在不超过限定时延的基础上，最小化
移动设备或者系统的能量消耗，[37-45]没有综合优化移动设备（群）的其他性能。

　　计算卸载使移动设备的能量消耗变小，但时延依据无线网络环境、信道状
态、用户的移动性等，较难控制。故为执行的任务设置一个时限，任务在时限
内完成即可，成为研究的一类热门问题。在文献[37]中，Meskar 等采用轮询算
法来模拟多用户在共享无线信道的数据传输过程，因每个用户旨在限定时延内
最小化自身的能量消耗，故采用博弈论求解，最后基于 Gauss-Seidel 方法求得
纳什均衡点。在文献[38]中，Al-Shuwaili 等介绍了一个 MIMO 蜂窝网络中的计
算卸载问题，考虑了上行和下行传输，通过综合优化无线、计算、回程资源，在
时延和功率限定的基础上，构造了一个非凸的优化问题，最后通过连续凸逼近
算法求解。在文献[39]中，Wang 等通过综合调节移动设备的发送功率和卸载
任务的比率以及 CPU 芯片的频率，使在限定时延的基础上，移动设备的能量消
耗最小。在文献[40]中，Chen 等研究了一个在时延限制下的多用户多服务器
的卸载问题，并将优化问题归纳为混合整数规划问题，然后转化为非凸的二次
规划问题。在文献[41]中，Tout 等提出了一个基站选择策略，从而使得在满足
时延限制时移动能耗最小。在文献[42]中，Meng 等主要研究了一个在时延限
制的条件下使移动设备用于通信和计算的能耗最小，因卸载目的地的不同，时

延不能表达成一个明确的表达式，增加了问题的求解难度。文献[43]中，Zhu等分析了一个在时延限定的条件下，将计算任务卸载到两种服务器，从而最小化移动设备的能量消耗模型，并根据卸载服务器的能效，将主问题分为四个子问题分开求解。在文献[44]中，Bouet 等主要研究了移动边缘服务器的优化，综合考虑服务器的型号、容量、服务器的服务区域，将问题归纳为一个混合整数线性规划问题，然后基于图论算法，提出边缘服务器集群的分区策略，使尽可能多的服务请求在满足时延限制的条件下均在边缘服务器完成。在文献[45]中，Yu 等介绍了多个移动用户卸载重复的计算任务到网络边缘服务器，并共享计算结果。目标是设计具有缓存增强功能的协作卸载策略，使得在满足移动终端的整体执行延迟的条件下最小化移动终端的能量消耗。

经济学理论在研究计算卸载问题时也常被使用。[46-49]在文献[46]~[48]中，相关作者采用合同理论（Contract Theoretic）研究计算卸载问题。在运用合同理论时，首先将用户任务进行分类，服务商针对各种类型的任务，提出相应的合同条件，使用户和服务商均满足个体理性（Individual Rationality）和激励相容（Incentive Compatible）性质，这样得到的合同条件不仅使服务商的利益最大化，也提高了用户的利益。在文献[49]中，Nir 等提出了一种利用集中式代理节点对大量移动设备资源扩充进行任务调度的方法，并构建了一种基于能量和货币成本的数学任务调度模型。

此外，一些作者在卸载过程中考虑链路回程容量、传输误码率等元素。[50-54]在文献[50]中，Liang 等针对雾无线接入网络（fog radio access network，F-RAN），提出了一个考虑上行和下行回程容量的计算卸载模型。在文献[51]中，You 等研究了一个多用户的基于时分多址和正交频分两种模式的移动边缘计算卸载和资源分配问题，且分别对应研究了云资源有限和无限两种情况。在文献[52]中，Zhang 等介绍了在无线随机信道下移动边缘计算的卸载模型。一般来说，无线信道由信道增益和噪声功率等参数体现，文章中，采用 Gilbert-Elliot 信道增益模型，数据传输速率不断变化，使其卸载的情况更加复杂。在文献[53]中，Pan 等研究了一个移动设备在应用程序卸载过程中基于能量最优的传输速率调整方案，通过调整传输速率来优化移动设备的能量，并利用改进的 Lyapunov 优化算法来求解。在文献[54]中，Barbarossa 等介绍了一个云资源有限的服务器为多个移动设备提供服务，将传输误码率考虑进信道传输过程中。

（3）关于异构无线网络中单用户/多用户的动态计算卸载研究现状。

从研究分类来看，大部分学者研究的都是静态计算卸载，因动态计算卸载需实时进行执行策略的调整，设计计算卸载方案时比较复杂。[55-62]

静态计算卸载因无须考虑卸载进程中无线、计算资源的动态变化，使卸载过程变得简单，但是会降低用户的服务性能，前面提到的涉及计算卸载的文献大都是静态计算卸载。对动态计算卸载的研究还处于基础阶段。Mao 等研究了一个绿色移动边缘云计算环境下的动态计算卸载问题。所谓绿色云计算，指所有的移动设备依据周围可再生能源，实现能量收集的功能。在研究的每个时隙中，针对用户产生的任务，可以本地执行、云端执行，或者舍弃，且三种方式只能选择一种，以用户的执行花费作为待优化的目标，在能量、时延的多重限制下，利用 Lyapunov 优化方法通过综合优化卸载决策、CPU 周期频率、发送功率等，使用户的平均执行花费最小。[55]Mao 等又研究了在系统队列稳定的条件下，通过构造 Lyapunov 优化方法，综合优化各时隙移动设备的 CPU 周期频率、发送功率和信道分配，使系统在研究的时间范围内的平均功率最小。[56]Zheng 等研究了一个动态环境下的多信道计算卸载问题。动态环境体现在两方面：一方面，用户激活状态和非激活状态不断变化，激活状态即当前时刻有任务需要卸载，反之亦然。另一方面，体现在时刻变化的无线信道上。因为用户在考虑卸载的时候只考虑自身的利益，Zheng 等将卸载决策过程模拟为随机博弈，经证明，该随机博弈等价于一个带权重的势博弈，进而通过随机学习的算法求得纳什均衡点。[57]Lyu 等将环境的动态变化模拟为随机分布，通过自适应后退地平线卸载策略区分性能及剖面数据的偏差，并根据折扣系数和决策窗口的大小调整干扰频率。在给定确定性轮廓决策窗口后，提出了一个满足时延要求的使成本最小化的多目标动态模型。[58]Ashok 等设计了一种动态方法来卸载特定车辆应用程序的模块，其研究了一种启发机制，将这些模块放置在缓存器中，代替云中，设计的重点在于能够在可变网络条件下通过动态决策以弹性方式将计算卸载到云端。[59]Li 等通过综合无线、计算资源、能量传输分配时间、数据传输速率等动态因素，提出了一种多用户在线计算速率最大化的算法。[60]Yan 等基于物联网应用在不稳定的信道状态下的计算卸载问题，设计了不稳定信道质量模型，提出了一个动态的数据卸载调度算法。该算法能够有效地处理协同数据卸载问题，并且有较低的计算复杂度。[61]Zhou 等人利用 6G 强大通信能力，为了实现车联网中的低延迟，提出一种具有需求预测和强化学习功能的计算卸载方法。这是一种基于时空神经网络（spatial-temporal graph neural network，STGNN）的预测方法。根据预测的需求，设计了一种基于单纯形算法的缓存决策方法。然后，提出了一种基于孪生延迟确定性策略梯度的计算卸载方法，以获得最佳卸载方案。[62]Yang 等构建了一个基于随机几何框架的交通流模型，该模型可以捕捉到交通场景中车辆的随机性和空间分布，更加准确地表达交通条件，通过优化任务分配和计算卸载策略来提高分布式计算卸载的效率。该研究强调了将这个模型融入自动驾驶应用的分布式计算卸载策略设计中的潜在好处。[63]Guo 等提出了一个节能动态计算卸载和资源调度策略，以降低能耗并缩短应用程序完成时间。在满足任务依赖性的前提下，首先在要求的时延限制内，将资源调度问题转化为一个能效成本最小化问题；然后基于分布式资源调度算法求解。[64]

第2章　移动自组织云中计算卸载策略的研究

◆ 2.1　引言

在移动自组织云中，一个移动设备上的计算任务可以卸载到其他移动设备上，各个移动设备既可以是服务的消费者，也可以是服务的提供者。多个移动设备之间可以相互合作，执行某个特定任务。例如，将多个移动设备上的图片合并在一起，产生清晰度更高、尺寸更大的图片，从而实现资源共享。移动自组织云具有广阔的应用前景，如移动学习、移动健康检测等。但是移动自组织云有如下的限制：① 移动自组织云依赖于移动设备自身的计算资源，而移动设备的计算能力、存储能力、网络带宽、电池续航能力等都难以与固定设备相比；② 由于移动自组织云中的节点的移动性，移动自组织云的网络连接状态、网络拓扑结构、带宽等会时刻发生变化，容易造成数据无法传输这一状况，从而对计算任务的卸载决策和执行过程产生影响。

本章将研究移动自组织云的计算卸载问题。模型包含一个主设备和若干个从设备。主设备表示需要将计算负载分配到周围用户的设备端，从设备表示处理这些计算负载的设备端。在本章中，假设主设备没有计算能力。即使主设备有处理能力，它也可以被看作一个特殊的从设备，只是将与主设备端的传输消耗视为零。系统中的设备终端通常采用 Device-to-Device（D2D）通信技术[65]。D2D 通信技术是一种终端直通技术，在蜂窝系统的控制下，允许终端之间通过复用小区资源直接进行通信，有效地缓解了无线通信系统频谱资源匮乏的问题。在移动蜂窝网络中应用 D2D 技术，扩展了网络容量，提高了资源的利用率。D2D 作为短距离通信的一种方式，有着较高的传输速率，能够实现较低的传输功耗和传输时延。

本章将从主设备对各个从设备的定价和从设备提供的执行单元的数量两方面进行研究，构造了一个两层的 Stackelberg 博弈模型[66-67]。Stackelberg 博弈模型，又称为主从博弈模型，是一个产量领导模型，参与者之间的地位并不是对称的，分为实力雄厚的领导者和实力相对较弱的追随者。故参与者在行动次序上是有区别的：领导者决定产品的数量，追随者可以观察到这个数量，并根据此数量来决定自己的数量。当领导者确定产量数量时，必须考虑到追随者将如何作出反应，这和本章的思路相同。现对本章进行具体阐述。

◆ 2.2　移动自组织云的计算卸载模型

如图 2-1 所示移动自组织云的计算卸载模型图中，有一个主设备和若干个从设备，从设备用集合 $\mathbf{D} = \{d_1, d_2, \cdots, d_j, \cdots, d_m\}$ 来表示，这些从设备利用闲置的资源来获取额外的效益。假设主设备有 n 个同类的且可以并行处理的计算单元，每个计算单元中均包含若干个任务。一个计算单元需要从设备的一个执行单元来完成。主设备使用从设备闲置资源，即执行单元，需要对其付费。其中，主设备对从设备 d_j 的执行单元定价为 p_j，且满足 $0 < p_j < p_{\max}$，其中 $p_{\max}$ 为限定的最大的单价。主设备将计算单元卸载到从设备上，从设备利用闲置执行单元去执行，从而主设备和从设备获取利益。

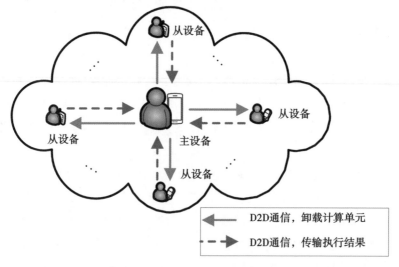

图 2-1　移动自组织云的计算卸载模型图

　　假设从设备 d_j 拥有的执行单元的数量为 E_j。对于每一个从设备 d_j，引入一个不方便系数 β_j，描述从设备的电量、CPU 占用率等情况以及若执行主设备的任务会给它本身带来的影响。例如，在从设备电池电量低且一时无法充电的情况下，不方便系数就会较大；当从设备正在执行一些复杂的程序，CPU 占用率较高时，从设备的不方便系数也会很大；当从设备能量充足，且无其他任务执行时，不方便系数就会很小。根据从设备本身的不方便系数 β_j 和主设备给出的定价 p_j，从设备 d_j 决定提供的执行单元的数量为 e_j，满足 $0 \leqslant e_j \leqslant E_j$，从而最大化其效益。

　　对主设备来说，通过卸载计算单元到从设备上，减少了本身的能量消耗，可以获得相应的利益。这里采用对数效用函数[68]。对数效用函数是基于经济学边际效用递减规律，并已被广泛应用于移动计算和无线通信领域。主设备卸载 e_j 个计算单元到从设备 d_j 上，获得的利益用函数 $U_M^j(e_j)$ 表示，如式（2-1）所示。

$$U_M^j(e_j) = \alpha_j q_j \log_2(1+e_j) \tag{2-1}$$

式中：α_j——从设备 d_j 的服务层次；

　　　q_j——从设备 d_j 的执行速率。

　　从设备的利益函数，符合如下特点：

　　① 主设备给定的价格越高，从设备得到的利益越大；

　　② 从设备自身的不方便系数越大，从设备得到的利益越小；

　　③ 从设备的利益和提供的执行单元的数量呈先增后减的关系。

　　在一定范围内，利益随着提供的执行单元数量的增加而增大。随之，利益会随着提供的执行单元数量的进一步增加而减少，因为提供过多的执行单元，会损害从设备自身的利益。例如，当电池电量耗尽或者 CPU 占用率较高时，从设备自己产生的任务却无法顺利执行，从而影响移动设备的性能。所以，从设备会根据自身的情况，谨慎地选择提供执行单元的数量。

　　根据以上的特点，定义了从设备 d_j 的利益函数 $U_j(e_j)$，如式（2-2）所示。

$$U_j(e_j) = p_j E_j e_j - \beta_j e_j^2 \tag{2-2}$$

　　主设备通过 D2D 通信技术向从设备 d_j 发送计算单元的数据，产生的传输消耗 $C_M^j(e_j)$，如式（2-3）所示。

$$C_M^j(e_j) = r_d h e_j \tag{2-3}$$

式中：r_d——D2D 通信中单位数据的传输消耗；

h——每个计算单元中包含的数据量。

相似地，从设备 d_j 向主设备返回生成的执行结果产生的传输消耗 $C_j(e_j)$，如式(2-4)所示。

$$C_j(e_j) = \rho r_d h e_j \tag{2-4}$$

式中：h——执行一个计算单元所产生的数据量；

ρ——每个计算单元中输出数据与输入结果的比值，也称为数据的压缩系数。

从设备执行主设备卸载的任务，会产生计算消耗 $D_j(e_j)$，如式(2-5)所示。

$$D_j(e_j) = \eta_j \frac{e_j}{q_j} \tag{2-5}$$

式中：η_j——从设备 d_j 单位时间内的计算消耗，为一固定常数，由从设备的配置决定。

从设备 d_j 执行主设备卸载的计算单元，并将执行结果返回，消耗的能量用 $E_j(e_j)$ 表示，如式(2-6)所示。

$$E_j(e_j) = \lambda_{j,c} \frac{e_j}{q_j} + \lambda_{j,t} \frac{\rho h e_j}{b_d} \tag{2-6}$$

式中：$\lambda_{j,c}$——单位时间内 CPU 的能量消耗；

$\lambda_{j,t}$——单位时间内传输时的能量消耗；

b_d——D2D 通信的传输速率。

从设备的能量消耗包括执行计算单元的能量消耗和传输的能量消耗，需满足条件如式(2-7)所示。

$$E_j(e_j) \leqslant E_{j,\max} \tag{2-7}$$

式中：$E_{j,\,max}$——从设备 d_j 电池中包含的最大能量。

◆◇ 2.3　主设备和从设备最优策略的求解

2.3.1　Stackelberg 博弈的构造及均衡点的证明

对于主设备，通过对各个从设备的执行单元进行定价，从而使其效益最大。结合其利益函数 $U_M^j(e_j)$，传输消耗 $C_M^j(e_j)$，可得主设备的效益最优化函数 $P_M(p)$，如式(2-8)所示。

$$\max_p\ P_M(p)=\sum_{j=1}^m \alpha_j q_j \log_2(1+e_j)-\sum_{j=1}^m p_j e_j-\sum_{j=1}^m r_d h e_j \qquad (2\text{-}8)$$

满足的优化条件如式(2-9)所示。

$$p_j-p_{max}<0,\ j=1,\ 2,\ \cdots,\ m \qquad (2\text{-}9)$$

式中：p——主设备对所有从设备的定价，表示为 $p=(p_1,\ \cdots,\ p_j,\ \cdots,\ p_m)$。

对于从设备 d_j，通过决定提供的执行单元的数量 e_j、综合利益函数 $U_j(e_j)$、计算消耗 $D_j(e_j)$、传输消耗 $C_j(e_j)$ 等，可得其效益最优化函数 $P_S^j(e_j)$，如式(2-10)所示。

$$\max_{e_j}\ P_S^j(e_j)=(p_j E_j e_j-\beta_j e_j^2)-\eta_j\frac{e_j}{q_j}-\rho h r_d e_j \qquad (2\text{-}10)$$

满足的约束条件如式(2-11)至式(2-13)所示。

$$0\leqslant e_j\leqslant E_j \qquad (2\text{-}11)$$

$$\sum_{j=1}^m e_j\geqslant n \qquad (2\text{-}12)$$

$$E_j(e_j)=\lambda_{j,\,c}\frac{e_j}{q_j}+\lambda_{j,\,t}\frac{\rho h e_j}{b_d}\leqslant E_{j,\,max} \qquad (2\text{-}13)$$

如上所述，主设备需要制定各个从设备执行单元的价格，从设备根据制定的价格，决定分享的执行单元的数量。为了寻找主设备和从设备的最优决策，本节构造了一个两层的 Stackelberg 博弈，表示为

$$\Gamma = \{ (U, \mathbf{D} = \{d_1, d_2, \cdots d_j, \cdots, d_m\}), \boldsymbol{p}, \boldsymbol{e}, (P_M, P_S^j) \}$$

式中：U, $\mathbf{D}$——构造的 Stackelberg 博弈的主体，即一个主设备 U 和 m 个从设备，从设备的集合表示为 $\mathbf{D} = \{d_1, d_2, \cdots, d_j, \cdots, d_m\}$；

P_M, P_S^j——主设备和从设备 d_j 的效益函数；

$\boldsymbol{p}$——主设备对所有从设备的定价策略；

$\boldsymbol{e}$——所有从设备的定价策略，表示为 $\boldsymbol{e} = (e_1, \cdots, e_j, \cdots, e_m)$。

当此 Stackelberg 博弈达到均衡时，如式(2-14)、式(2-15)所示。

$$P_M(\boldsymbol{p}^*, \boldsymbol{e}^*) \geqslant P_M(p_j, \boldsymbol{p}_{-j}^*, \boldsymbol{e}^*) \tag{2-14}$$

$$P_S^j(\boldsymbol{p}^*, \boldsymbol{e}^*) \geqslant P_S^j(\boldsymbol{p}^*, e_j, \boldsymbol{e}_{-j}^*) \tag{2-15}$$

式中：$\boldsymbol{p}^*$——主设备为各个从设备制定的最优定价，表示为 $\boldsymbol{p}^* = (p_1^*, p_2^*, \cdots, p_m^*)$；

$\boldsymbol{e}^*$——各个从设备提供的最优执行单元的数量，为 $\boldsymbol{e}^* = (e_1^*, e_2^*, \cdots, e_m^*)$；

$\boldsymbol{p}_{-j}^*$——除去从设备 d_j，主设备对其他从设备的定价都是最优的，表示为 $\boldsymbol{p}_{-j}^* = (p_1^*, p_2^*, \cdots, p_j, p_{j+1}^*, \cdots, p_m^*)$；

$\boldsymbol{e}_{-j}^*$——除去从设备 d_j，其他从设备提供的执行单元的数量都是最优的，表示为 $\boldsymbol{e}_{-j}^* = (e_1^*, e_2^*, \cdots, e_j, e_{j+1}^*, \cdots, e_m^*)$。

根据 Stackelberg 博弈，当主设备和从设备达到纳什均衡后，主设备和从设备都不能通过单方面改变自己的定价策略来提高效益。因此，主设备为了最大化效益，会理性地制定各个从设备的定价，从设备会对主设备制定的定价策略作出理性反应，确定最优数目的执行单元，以确保其效益最大化。

根据文献[69]的分析，系统同时实现主设备和从设备的效益最大化，可以通过确定纳什均衡点的存在性和唯一性的方式来证明。为了确定纳什均衡点存在且唯一，首先分析从设备 d_j，在主设备给定单价 p_j 后分析其提供的最优执行

单元的数量。由于各个从设备之间相互独立且以自我利益为中心，根据式(2-10)可得

$$v = \frac{\partial P_S^j(e_j)}{\partial e_j} = p_j E_j - 2\beta_j e_j - \frac{\eta_j}{q_j} - \rho h r_d \qquad (2-16)$$

$$v' = \frac{\partial v}{\partial e_j} = \frac{\partial^2 P_j}{\partial e_j^2} = -2\beta_j \qquad (2-17)$$

根据式(2-17)可知，式(2-16)中的 v 是单调递减函数。所以，当 e_j 为非负值时，$P_S^j(e_j)$ 为严格凸函数。由式(2-16)可知，当 $e_j \to \infty$ 时，$v < 0$。所以，当主设备给定价格 p_j 后，从设备 d_j 的效益存在最大值，从设备 d_j 提供的最优执行单元的数量存在且唯一。根据文献[70]的结论，本节构造的 Stackelberg 博弈模型的纳什均衡点存在且唯一。

2.3.2　基于 Lagrangian 函数求解最优策略

由于纳什均衡点存在且唯一，根据文献[69]的结论，采用纳什均衡点作为主设备的定价和从设备提供的数量，能够同时实现主设备和从设备的效益最大化，所以，求解纳什均衡点成为解决问题的关键。又因为从设备是根据主设备的定价来决定其执行单元的数量，因此，在找到主设备对从设备的最优定价后，就能找到从设备最优的执行单元的数量。

接下来，将求解主设备的最优定价。根据式(2-16)，令 $v = 0$，可得 e_j 与 p_j 之间的关系，如式(2-18)所示。

$$e_j = \frac{p_j E_j - \dfrac{\eta_j}{q_j} - \rho h r_d}{2\beta_j} \qquad (2-18)$$

将式(2-18)代入式(2-8)中，得到其等价优化问题，如式(2-19)所示。

$$\max_p \ P_M(\boldsymbol{p}) = \sum_{j=1}^m \alpha_j q_j \log_2\left(1 + \frac{p_j E_j - \dfrac{\eta_j}{q_j} - \rho h r_d}{2\beta_j}\right) - \sum_{j=1}^m p_j \frac{p_j E_j - \dfrac{\eta_j}{q_j} - \rho h r_d}{2\beta_j} -$$

$$\sum_{j=1}^{m} r_d h \frac{p_j E_j - \dfrac{\eta_j}{q_j} - \rho h r_d}{2\beta_j} \qquad (2-19)$$

这时，式(2-19)中只涉及变量 $p_j(j=1,\ 2,\ \cdots,\ m)$。接下来，将利用 Lagrangian 函数和其对应的 KKT 条件求解主设备和从设备的最优策略，这是解决最优化问题时常用到的一种方法。

首先可以发现表达式 $\left(\dfrac{-\dfrac{\eta_j}{q_j} - \rho h r_d}{2\beta_j}\right)$ 为一常数，为了表述简单，将其简写为 Π；

接着将式(2-19)转化为求解最小化问题，如式(2-20)所示。

$$\begin{aligned}
\min_{p} P_M(\boldsymbol{p}) &= \sum_{j=1}^{m}\left(\frac{E_j p_j}{2\beta_j}+\Pi\right)(p_j+r_d h) - \sum_{j=1}^{m}\alpha_j q_j \log_2\left(1+\frac{E_j p_j}{2\beta_j}+\Pi\right) \\
&= \sum_{j=1}^{m}\left[\left(\frac{E_j p_j}{2\beta_j}+\Pi\right)(p_j+r_d h) - \alpha_j q_j \log_2\left(1+\frac{E_j p_j}{2\beta_j}+\Pi\right)\right]
\end{aligned} \qquad (2-20)$$

满足的约束条件如式(2-21)所示。

$$p_j - p_{\max} < 0,\ j=1,\ 2,\ \cdots,\ m \qquad (2-21)$$

构造问题式(2-20)和式(2-9)的 Lagrangian 函数，如式(2-22)所示。

$$L(p,\ \lambda) = \sum_{j=1}^{m}\left[\left(\frac{E_j p_j}{2\beta_j}+\Pi\right)(p_j+r_d h) - \alpha_j q_j \log_2\left(1+\frac{E_j p_j}{2\beta_j}+\Pi\right)\right] + \sum_{j=1}^{m}\lambda_j(p_j-p_{\max})$$

$$(2-22)$$

式中：λ——关联所有约束的 Lagrangian 乘子，表示为 $\lambda=[\lambda_1,\ \cdots,\ \lambda_j,\ \cdots,\ \lambda_m]$；

λ_j——第 j 个约束条件的 Lagrangian 乘子，并有 $\lambda_j \geq 0$。

式(2-22)的 KKT 条件如式(2-23)至式(2-26)所示。

$$\frac{\partial L(p_j^*,\ \lambda)}{\partial p_j^*} = 0 \qquad (2-23)$$

$$\lambda_j^*(p_j^* - p_{\max}) = 0 \qquad\qquad (2-24)$$

$$p_j^* - p_{\max} < 0 \qquad\qquad (2-25)$$

$$\lambda_j^* \geqslant 0 \qquad\qquad (2-26)$$

经过求解式(2-23)和式(2-24)，可得主设备 $p_j^*(j=1, 2, \cdots, m)$ 的表达式，继而通过式(2-18)求得 $e_j^*(j=1, 2, \cdots, m)$ 的表达式，即构造的 Stackelberg 博弈的纳什均衡点。

◇◇ 2.4　仿真实验

本章将基于 MATLAB 软件进行实验仿真。MATLAB 通过执行数学计算，对数据进行分析与可视化，结合数学和图形功能以及强大的语言功能，帮助用户更快更好地解决问题。

假设主设备有 20 个相同的计算单元需要处理，主设备周围有 4 个可以提供执行单元的从设备。同时假设主设备的最高定价为 20 分，每个计算单元包含的数据量为 5 MB，压缩系数 $\rho = 0.8$，对于 D2D 通信单位数据的传输消耗为 20 分/兆字节，不同的从设备有不同的参数值，各个从设备的其他仿真参数如表 2-1 所示[71]。

表 2-1　仿真参数设置

参数及单位	从设备 1	从设备 2	从设备 3	从设备 4
$E_j(\uparrow)$	12	13	14	15
q_j (个/秒)	182	184	183	186
$\eta_j(\text{J/s})$	85	100	90	95
$\alpha_j(-)$	0.5	0.6	0.4	0.7

如图 2-2 所示，在给定主设备对各个从设备的定价和从设备自身的不方便系数之后，研究了 4 个从设备提供的执行单元的数量与其利益函数之间的关系。通过任一条曲线可以看出，在一定范围内(以从设备 4 为例，提供的执行单元的数量为 0~12)，从设备的利益随着提供的执行单元数量的增加而增加。

当利益值达到一个最大值后，随着执行单元数目的增加（提供的执行单元的数量为 12~15）而减少，说明提供太多的执行单元给主设备，自身的一些任务无法顺利执行，会损害自己的利益。图形基本上为抛物线的形式，抛物线的最高点所对应的即为提供的执行单元的最优数量，这也间接说明求解最优执行单元的必要性。

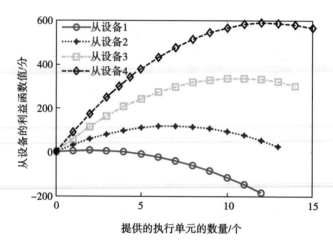

图 2-2　从设备的利益函数值与提供的执行单元的数量之间的关系

图 2-3 揭示了各个从设备提供的执行单元的数量和不方便系数之间的关系。从图 2-3 的任何一条曲线可以看出，对于任意从设备，当自身不方便系数逐渐增大时（可能从设备电池电量不足、网络连接状况不佳，或自身执行的服务请求过多等），其提供的执行单元的数目会不断减少（以从设备 4 为例，当不方便系数由 1 增加到 10 时，提供的执行单元数量由 17 个减少为 3 个），因为提供过多的执行单元会损害自身的利益，这与之前对不方便系数的定义吻合。当不方便系数相同时，从设备提供的执行单元的数量是不同的，这与从设备本身配置的参数有关系。

图 2-4 研究了主设备对从设备的定价和从设备提供的执行单元的数量之间的关系。从图 2-4 中任何一条曲线可以看出，随着主设备定价的不断增大，从设备所能提供的执行单元的数量不断增加，因为在不损害自身利益的前提下，各个从设备可以获得更多的利益（以从设备 4 为例，当主设备的定价为 1 分时，提供执行单元数量为 8 个；当主设备的定价为 2 分时，提供的执行单元的数量为 15 个）。但增加到一定程度，受自身执行单元的数量和不方便系数的影响，

能够提供执行单元的数量不再发生变化，达到的最大值即为从设备所能提供的执行单元的最大数量（从设备 4 所能提供的最大执行单元的数量为 15 个）。当主设备提供的价格较高时，在不影响从设备本身利益的前提下，从设备会提供较多的执行单元，以期获得较大的利益，这也符合生活中的规律。从图 2-4 中的 4 条曲线对比可以看出，4 个从设备能够提供的最大执行单元的数量不同，说明从设备自身的参数也影响能够提供的最大执行单元的数量，但整体变化趋势相同。

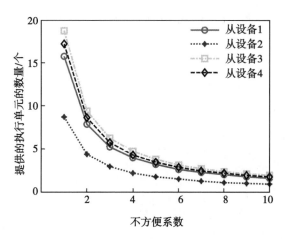

图 2-3　从设备提供的执行单元的数量与不方便系数之间的关系

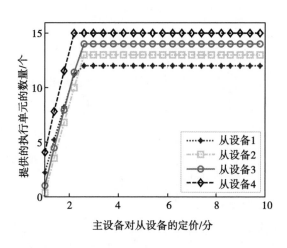

图 2-4　主设备对从设备的定价和从设备提供的执行单元的数量之间的关系

图 2-5 用三维图揭示了在主设备对从设备的定价、从设备提供的执行单元数量的变化下，主设备利益的变化关系。可以发现，从设备提供的执行单元数

量变化或者主设备对从设备定价的变化，都会引起主设备利益函数值的变化。当从设备提供的执行单元数量增加时，主设备的利益函数值逐渐增大；随着对从设备定价的不断增大，主设备的利益函数值逐渐减小。主设备利益函数的最大值(三维图的最高点)约在对从设备定价为 3、从设备提供的执行单元数量为 7 个处取得，此时，从设备提供的执行单元数量较大，而主设备的定价偏低。对应的点即为最优定价和最优执行单元数量，这就是纳什均衡点。在图像的其他任意点，都不能得到主设备利益函数的最大值。这也间接说明了纳什均衡点的概念，当达到纳什均衡后，主设备和从设备都不能通过单方面改变自己的策略来提高自身的效益。

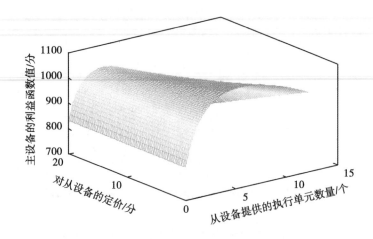

图 2-5　在定价和执行单元数量的变化下主设备的利益函数

在图 2-6 中，在主设备需要卸载的计算单元逐渐变大的情况下，将本章提出的算法和现有的传统随机分配算法做了对比分析。通过图 2-6 可以发现，当主设备需要卸载的计算单元的数量较少时，由两种算法得到的利益函数值相差不大；当主设备有较多的计算单元(本图处于 32 个左右)需要卸载时，利用构造的 Stackelberg 博弈主设备得到的目标函数值有明显的优势，因为此时找到了相应问题对应的纳什均衡点。在纳什均衡点处，主设备得到最大利益值，而传统的随机分配算法只是将任务随机分配出去，效益并不一定是最优的。综合分析，本章构造的 Stackelberg 博弈会使主设备得到更高的利益，从而说明了本章所提的算法有一定的优势。

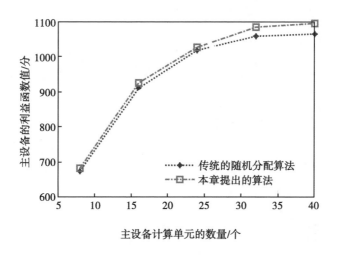

图 2-6　两种算法的对比

◆ 2.5　本章小结

本章主要研究了移动自组织云模型的计算卸载策略。移动设备利用移动自组织网络的组网形式，对那些零星的无处不在的计算资源进行整合，实现计算、通信资源共享，从而形成移动自组织云环境。系统中的主设备将计算单元卸载到周围多个从设备中，主设备通过制定对各个从设备执行单元的单价来获取最大效益，属于领导者；从设备结合自身的不方便系数通过决定提供的执行单元的数量来获取最大效益，属于跟随者。主设备和从设备之间是不对等的关系，因此构造了一个两层的 Stackelberg 博弈模拟主设备和从设备策略的制定过程。构造的 Stackelberg 博弈的纳什均衡点是求解问题的关键。因为在纳什均衡点处，主设备和从设备可以同时实现效益的最大化，纳什均衡点即为主设备和从设备的最优执行策略。本章通过证明纳什均衡点存在并且唯一，利用 Lagrangian 乘子法和对应的 KKT 条件求出了最优解。最后的仿真实验结果说明了主设备和从设备参数之间的关系，验证了所提算法的有效性。

第 3 章　单用户在异构网络中静态计算卸载策略的研究

　　异构网络[65]是由不同制造商生产的网络设备、计算机和系统组成的一种网络，通常能够在不同的网络协议上运行且支持不同的应用或功能。不同类型的网络，通过网关连接到核心网，最后连接到互联网上，最终融合为一个整体。

　　雾服务器可以广泛安置在大型商场、小区、飞机场等人口密集的地区。一般来说，相对于传统的远程中心云，雾服务器的计算、存储资源十分有限。故雾服务器在高峰时段可能会出现服务请求过载的现象，此状态下的雾服务器在计算服务请求时，对于移动设备会产生较长的时延，甚至提供不精准的计算结果，进而影响服务质量。因此，研究雾服务器的负载均衡是十分必要的。若使雾服务器负载均衡，关键在于维持一个合理的负载阈值。因此，在本章中，引入雾服务器的最大接收速率这一概念，雾服务器的最大接收速率是用于表示基于 CPU 处理能力的雾服务器可能具有的最大负载值。如果雾服务器的负载（到达的全部服务请求速率之和）达到或者超过设定的最大接收速率时，则雾服务器会将过载的服务请求继续卸载到远程云端。若雾服务器的负载低于最大接收速率时，雾服务器可以处理全部到达的负载。这种方式对雾服务器的负载进行了平衡。

　　排队论[72]又称随机服务系统理论，是通过对服务对象到来及服务时间进行统计研究，得出一些数量指标的统计规律，如排队长度、等待时间、忙期长短等，在无线网络中有着广泛的应用[73]。本章采用排队论来对服务请求在移动设备、雾服务器和远程云的执行情况进行模拟。将移动设备端任务执行过程看作 $M/M/1$ 队列，雾服务器端任务执行过程看作 $M/M/c$ 队列，远程云端任务

执行过程看作 $M/M/\infty$ 队列。

本章将在有雾服务器接入和无雾服务器接入两种情形下研究单用户计算卸载策略。当系统有雾服务器部署时，移动设备将服务请求直接卸载到雾服务器上。当本地无雾服务器部署时，移动设备通过广域网接入远程云，将服务请求直接卸载到远程云中。在本章中，假定移动设备将产生的部分服务请求卸载到云服务器，会降低移动设备的能量消耗，但是会增加执行时延。如何通过调节卸载概率来平衡移动设备的能量消耗和执行时延是本章研究的重点。通过对卸载过程进行数学模拟，提出了一个能量消耗和执行时延最小的多目标优化问题，基于权重算法和无量纲化处理，将多目标优化问题转化为单目标优化问题，最后基于 IPM 求解最优卸载概率。

◆◇ 3.2 有雾服务器接入时多目标优化问题的构建

3.2.1 有雾服务器接入的单用户计算卸载模型

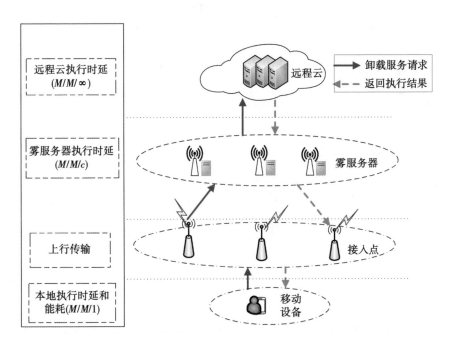

图 3-1 有雾服务器接入的单用户计算卸载模型

如图 3-1 所示，本节考虑了一个有雾服务器接入的单用户计算卸载模型，包括移动设备、接入点、雾服务器以及远程云等元素。假设本系统仅考虑一个移动设备，移动设备执行某一计算密集型应用程序，继而产生一系列的服务请求，这些服务请求在移动设备端、雾服务器或者远程云中均可执行。移动设备中包含一个 CPU、一个具有先进先出（first-in-first-out, FIFO）规则的服务请求缓存器和一个无线接口。CPU 用来执行服务请求；服务请求缓存器用来存储到达但未处理的服务请求，其内存空间足够大；无线接口用于连接无线网络，发送服务请求到基站，并接收返回的执行结果。

假设移动设备 i，产生的服务请求服从泊松分布，且平均速率为 λ_i。移动设备 i 中仅包含一个 CPU，CPU 对各个服务请求的服务时间相互独立，且服从相同的负指数分布，故把移动设备端任务执行过程看作 $M/M/1$ 队列。对于移动设备 i 来说，每个服务请求被卸载到雾服务器的概率设为 p_i^c，可以得出 $0<p_i^c<1$，将 p_i^c 称为卸载概率。根据泊松分布的性质，卸载到雾服务器的服务请求也服从泊松分布，且平均速率为 $p_i^c\lambda_i$，称为卸载速率；本地执行的服务请求也服从泊松分布，且平均速率为 $(1-p_i^c)\lambda_i$，称为本地执行速率。可以看出，p_i^c 越大，越多的服务请求会被卸载到雾服务器或者远程云上，较少的服务请求会在本地 CPU 上执行。移动设备的无线接口同样按照 $M/M/1$ 规则传输卸载的服务请求。

3.2.2 移动设备本地执行过程

假设移动设备 i 的 CPU 执行速率为 u_i^M。l_i^M 表示移动设备 i 的 CPU 占用率，当 $l_i^M=0$ 时，表示 CPU 完全空闲，即没有执行系统之外的任务；l_i^M 越接近于 1，则说明移动设备 i 在执行较多的系统之外的任务。因为将移动设备端任务执行过程看作 $M/M/1$ 队列，根据文献[74]，$M/M/1$ 队列的顾客的平均逗留时间为 $R=1/(u-\lambda)$。其中，λ 为顾客到达速率，u 为服务台服务速率。基于此，移动设备 i 本地执行服务请求的平均响应时间 $T_i^M(p_i^c)$，如式（3-1）所示。

$$T_i^M(p_i^c) = \frac{1}{u_i^M(1-l_i^M)-(1-p_i^c)\lambda_i} \qquad (3-1)$$

假设移动设备 i 的无线端口的平均传输速率为 u_i^S，无线端口同样按照 $M/M/1$ 规则传输服务请求，则卸载的服务请求的平均传输时间 $T_i^S(p_i^c)$，如式（3-2）所示。

$$T_i^S(p_i^C) = \frac{1}{u_i^S - p_i^C \lambda_i} \tag{3-2}$$

移动设备 i 的能量消耗 $E_i(p_i^C)$ 包括两部分：一部分是本地执行服务请求时 CPU 运行产生的能量消耗 $E_i^M(p_i^C)$；另一部分是发送服务请求时无线端口产生的能量消耗 $E_i^S(p_i^C)$。$E_i^M(p_i^C)$，$E_i^S(p_i^C)$ 的表达式，分别如式（3-3）、式（3-4）所示。

$$E_i^M(p_i^C) = \kappa_i T_i^M(p_i^C) = \frac{\kappa_i}{u_i^M(1-l_i^M) - (1-p_i^C)\lambda_i} \tag{3-3}$$

$$E_i^S(p_i^C) = \eta_i T_i^S(p_i^C) = \frac{\eta_i}{u_i^S - p_i^C \lambda_i} \tag{3-4}$$

式中：κ_i——移动设备 i 单位时间内 CPU 的运行功率；

　　　η_i——移动设备 i 单位时间内的发送功率。

卸载的服务请求通过信道传输到雾服务器，数据在信道的平均传输时间为 $T_i^t(p_i^C)$，如式（3-5）所示。

$$T_i^t(p_i^C) = \frac{\lambda_i p_i^C \theta_i}{q_w} \tag{3-5}$$

式中：$\lambda_i p_i^C \theta_i$——卸载的服务请求中包含的数据量；

　　　θ_i——移动设备 i 中每个服务请求包含的数据量；

　　　q_w——无线信道的传输速率。

通过将服务请求卸载到雾服务器，减少了移动设备自身的能量消耗。

3.2.3　云服务器执行过程

这里的云服务器包括雾服务器和远程云服务器两部分。远程云服务器作为雾服务器的补充资源，执行雾服务器中过载的服务请求。

假设雾服务器中安装有 c 个相同的小型处理器，各个处理器间是相互独立的，且平均服务速率相同，均为 u^c。雾服务器的最大接收速率为 λ_{max}^C，为一固定的常量。假设到达雾服务器端的所有服务请求的速率总和为 λ_{total}^M，其中包括系统中移动设备 i 卸载的服务请求(平均速率为 $\lambda_i p_i^C$)和系统外的移动设备卸载的服务请求(平均速率为 B)，设该量已知且服从泊松分布。λ_{total}^M 的表达式如式(3-6)所示。

$$\lambda_{\text{total}}^M = B + \lambda_i p_i^C \qquad (3-6)$$

根据泊松分布的性质，到达雾服务器的服务请求队列为平均速率是 λ_{total}^M 的泊松流。基于如上对雾服务器的假设，可以将雾服务器端任务执行过程看作 $M/M/c$ 队列。将雾服务器实际执行的服务请求的比例设为 ψ^C，如式(3-7)所示。

$$\psi^C = \begin{cases} 1; & \lambda_{\max}^C \geqslant \lambda_{\text{total}}^M \\ \dfrac{\lambda_{\max}^C}{\lambda_{\text{total}}^M}; & \lambda_{\max}^C < \lambda_{\text{total}}^M \end{cases} \qquad (3-7)$$

相应地，将雾服务器的实际执行速率设为 λ_p^C，如式(3-8)所示。

$$\lambda_p^C = \psi^C \lambda_{\text{total}}^M = \begin{cases} \lambda_{\text{total}}^M; & \lambda_{\max}^C \geqslant \lambda_{\text{total}}^M \\ \lambda_{\max}^C; & \lambda_{\max}^C < \lambda_{\text{total}}^M \end{cases} \qquad (3-8)$$

根据 $M/M/c$ 排队理论，整个雾服务器机构的平均服务速率为 cu^C，雾服务器系统的平均利用率为 $\rho^C = \lambda/cu^C$，只有当 $\rho^C < 1$ 时，才不会排成无限队列，雾服务器的执行过程才能保持稳定。根据 Erlang 公式[75]，将雾服务器执行服务请求的平均响应时间设为 $T_s^C(\lambda_p^C)$，其中包括服务请求在雾服务器的等待时间和雾服务器的执行时间，如式(3-9)所示。

$$T_s^C(\lambda_p^C) = \frac{C(c, \rho^C)}{cu^C - \lambda_p^C} + \frac{1}{u^C} \qquad (3-9)$$

其中，式(3-9)中的 $C(c, \rho^C)$，如式(3-10)所示。

$$C(c,\rho^C) = \frac{\left(\frac{(c\rho^C)}{c!}\right)\left(\frac{1}{1-\rho^C}\right)}{\sum_{k=0}^{c-1}\frac{(c\rho^C)^k}{k!} + \left(\frac{(c\rho^C)}{c!}\right)\left(\frac{1}{1-\rho^C}\right)} \tag{3-10}$$

执行完毕，各个雾处理器将执行结果发送到雾服务器的无线端口。假设该无线端口同样按照 $M/M/1$ 队列规则传输执行结果，且平均传输速率为 u_b^C，生成的执行结果为平均速率是 $\rho\lambda_p^C$ 的泊松流，则生成的执行结果的平均传输时间 $T_b^C(\lambda_p^C)$，如式（3-11）所示。

$$T_b^C(\lambda_p^C) = \frac{1}{u_b^C - \rho\lambda_p^C} \tag{3-11}$$

当雾服务器不能处理所有卸载的服务请求时，它会将未处理的服务请求发送到远程云中执行。假设服务请求从雾服务器传输到远程云，会产生固定的时延 T^O。远程云中服务器的数量充足，各个服务器相互独立，卸载到远程云的服务请求将被立即执行，没有等待时间，将远程云执行过程看作 $M/M/\infty$ 队列。设远程云服务器的服务速率为 u^{CC}。根据 $M/M/\infty$ 排队理论[72]，服务请求在远程云的平均响应时间 T_s^{CC}，如式（3-12）所示。

$$T_s^{CC} = T^O + \frac{1}{u^{CC}} \tag{3-12}$$

远程云服务器处理完毕，会将计算结果首先返回雾服务器，再由雾服务器返回移动设备端。假设远程云无线端口的发送速率为 u_b^{CC}，同样按照 $M/M/1$ 的队列规则传输执行结果，则远程云服务器返回计算结果的平均响应时间 $T_b^{CC}(p_i^C)$，如式（3-13）所示。

$$T_b^{CC}(p_i^C) = \frac{1}{u_b^{CC} - \rho(\lambda_{total}^M - \lambda_{max}^C)} \tag{3-13}$$

3.2.4 多目标优化问题的详述

根据式（3-3）和式（3-4），可以得到系统内研究的移动设备 i 的平均能量消耗 $E_i(p_i^C)$，如式（3-14）所示。

$$E_i(p_i^C) = (1-p_i^C)E_i^M(p_i^C) + p_i^C E_i^S(p_i^C) \tag{3-14}$$

且满足 $0 < E_i(p_i^C) < E_{i,\max}$，其中 $E_{i,\max}$ 为移动设备 i 允许的最大能量。

根据式（3-1）、式（3-2）、式（3-5）、式（3-9）至式（3-13），可以得到移动设备 i 的平均执行时延 $T_i(p_i^C)$，如式（3-15）所示。

$$T_i(p_i^C) = (1-p_i^C)T_i^M(p_i^C) + p_i^C[T_i^S(p_i^C) + T_i^t(p_i^C) + \psi^C(T_s^C(\lambda_p^C) + T_b^C(\lambda_p^C))] + \\ p_i^C(1-\psi^C)[(T_s^{CC} + T_b^{CC}(p_i^C))] \tag{3-15}$$

且满足 $0 < T_i(p_i^C) < T_{i,\max}$，其中 $T_{i,\max}$ 为移动设备 i 的服务请求所允许的最大时延。

综上所述，根据式（3-14）和式（3-15），本节提出了一个旨在使移动设备 i 的 E&D 最小的多目标优化问题，如式（3-16）所示。

$$\min_{p_i^C} \{E_i(p_i^C), T_i(p_i^C)\} \tag{3-16}$$

满足的优化条件如式（3-17）至式（3-22）所示。

$$(1-p_i^C)\lambda_i - u_i^M(1-l_i^M) < 0 \tag{3-17}$$

$$p_i^C \lambda_i - u_i^S < 0 \tag{3-18}$$

$$\lambda_p^C - cu^C < 0 \tag{3-19}$$

$$\lambda_p^C - u_b^C < 0 \tag{3-20}$$

$$\rho(\lambda_{\text{total}}^M - \lambda_{\max}^C) - u_b^{CC} < 0 \tag{3-21}$$

$$0<p_i^C<1 \tag{3-22}$$

其中，式(3-17)至式(3-19)均指 $M/M/1$ 队列中服务请求到达速率小于服务台的服务率，式(3-20)、式(3-21)指 $M/M/1$ 队列中结果的输出速率小于端口的发送速率，只有这样才能维持整个系统的稳定。

可以发现，对于构造的多目标优化问题式(3-16)来说，随着卸载概率 p_i^C 的增大，移动设备的能量消耗 $E_i(p_i^C)$ 越来越小，而执行时延 $T_i(p_i^C)$ 越来越大，这也说明了研究卸载概率的必要性。

◆◇ 3.3　无雾服务器接入时多目标优化问题的构建

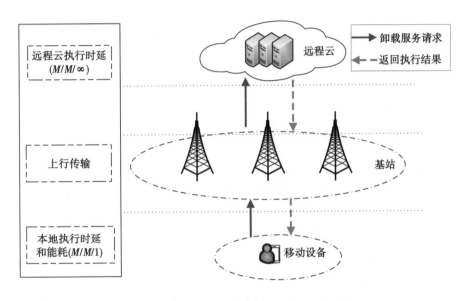

图 3-2　无雾服务器接入时的单用户计算卸载模型

如图 3-2 所示，当系统中无雾服务器接入时，移动设备将服务请求通过广域网连接基站直接卸载到远程云。假设移动设备 i 产生的服务请求也服从泊松分布，且平均速率也为 λ_i；假设每个服务请求被卸载到远程云的概率设为 p_i^C，满足 $0<p_i^C<1$；其他参数与有雾服务器接入时相同。

同理，将本地 CPU 任务执行过程和无线端口的任务发送过程看作 $M/M/1$

队列，则移动设备 i 本地执行的平均响应时间 $\widetilde{T}_i^M(p_i^C)$ 和发送端口的平均传输时间 $\widetilde{T}_i^S(p_i^C)$，分别如式（3-23）、式（3-24）所示。

$$\widetilde{T}_i^M(p_i^C) = \frac{1}{u_i^M(1-l_i^M)-(1-p_i^C)\lambda_i} \tag{3-23}$$

$$\widetilde{T}_i^S(p_i^C) = \frac{1}{u_i^S - p_i^C\lambda_i} \tag{3-24}$$

移动设备 i 本地执行的 CPU 能量消耗 $\widetilde{E}_i^M(p_i^C)$ 和无线端口发送任务的能量消耗 $\widetilde{E}_i^S(p_i^C)$ 分别如式（3-25）、式（3-26）所示。

$$\widetilde{E}_i^M(p_i^C) = \kappa_i\widetilde{T}_i^M(p_i^C) = \frac{\kappa_i}{u_i^M(1-l_i^M)-(1-p_i^C)\lambda_i} \tag{3-25}$$

$$\widetilde{E}_i^S(p_i^C) = \eta_i\widetilde{T}_i^S(p_i^C) = \frac{\eta_i}{u_i^S - p_i^C\lambda_i} \tag{3-26}$$

移动设备通过广域网与远程云连接，且设广域网中数据传输速率为 q_c，其中 $q_c \ll q_w$，则数据在广域网中的传输时间 $\widetilde{T}_i^t(p_i^C)$，如式（3-27）所示。一般说来，数据在广域网中传输会产生较长的时延。

$$\widetilde{T}_i^t(p_i^C) = \frac{\lambda_i p_i^C\theta_i}{q_c} \tag{3-27}$$

根据 $M/M/\infty$ 排队理论，远程云的平均服务时间 $\widetilde{T}_{\text{wait}}^{CC}$，如式（3-28）所示。

$$\widetilde{T}_{\text{wait}}^{CC} = \frac{1}{u^{CC}} \tag{3-28}$$

根据 $M/M/1$ 理论，远程云发送端口的平均传输时间 $\widetilde{T}_b^{CC}(p_i^C)$，如式（3-29）所示。

$$\widetilde{T}_b^{CC}(p_i^C) = \frac{1}{u_b^{CC} - \rho\lambda_i p_i^C} \qquad (3-29)$$

根据式(3-25)、式(3-26)，可以得到系统在无雾服务器接入时移动设备 i 的平均能量消耗 $\widetilde{E}_i(p_i^C)$，如式(3-30)所示。

$$\widetilde{E}_i(p_i^C) = (1-p_i^C)\widetilde{E}_i^M(p_i^C) + p_i^C\widetilde{E}_i^S(p_i^C) \qquad (3-30)$$

根据式(3-23)、式(3-24)、式(3-27)至式(3-29)，可以得到系统在无雾服务器接入时移动设备 i 的平均执行时延 $\widetilde{T}_i(p_i^C)$，如式(3-31)所示。

$$\widetilde{T}_i(p_i^C) = (1-p_i^C)\widetilde{T}_i^M(p_i^C) + p_i^C[\widetilde{T}_i^S(p_i^C) + \widetilde{T}_i^t(p_i^C) + \widetilde{T}_s^{CC} + \widetilde{T}_b^{CC}(p_i^C)] \quad (3-31)$$

根据式(3-30)、式(3-31)，提出了系统在无雾服务器接入时最小化移动设备 i 的 E&D 的多目标优化问题，如式(3-32)所示。

$$\min_{p_i^C} \{\widetilde{E}_i(p_i^C), \widetilde{T}_i(p_i^C)\} \qquad (3-32)$$

满足的优化条件如式(3-33)至式(3-36)所示。

$$(1-p_i^C)\lambda - u_i^M(1-l_i^M) < 0 \qquad (3-33)$$

$$p_i^C\lambda_i - u_i^S < 0 \qquad (3-34)$$

$$\rho\lambda_i p_i^C - u_b^{CC} < 0 \qquad (3-35)$$

$$0 < p_i^C < 1 \qquad (3-36)$$

同理，式(3-33)、式(3-34)表示 $M/M/1$ 队列中服务请求的到达速率小于服务台的服务速率，式(3-35)表示执行结果的输出速率小于端口的发送速率，从而维持系统稳定。

◆◇ 3.4 基于内点算法求解最优策略

3.4.1 多目标优化问题的转化

使用权重算法,将构造的多目标优化问题式(3-16)转化为单目标优化问题时,要先对每一个目标函数进行无量纲化处理,即 $E_i(p_i^C)/E_{i,\max}$,$T_i(p_i^C)/T_{i,\max}$。接下来,引入权重系数 $\{\alpha_1, \alpha_2\}$(且 $\alpha_1 + \alpha_2 = 1$)来反映能量消耗、执行时延两者之间的关系。

通过引入权重系数,上述构造的多目标优化问题式(3-16)将被转变为一个单目标优化问题,如式(3-37)所示。

$$\min_{p_i^C} \quad \alpha_1 \frac{E_i(p_i^C)}{E_{i,\max}} + \alpha_2 \frac{T_i(p_i^C)}{T_{i,\max}} \tag{3-37}$$

满足的优化条件如式(3-17)至式(3-22)所示。

同理,对目标函数进行无量纲化处理和引入权重系数 $\{\tilde{\alpha}_1, \tilde{\alpha}_2\}$,构造的多目标优化问题式(3-32)转化为一个单目标优化问题,如式(3-38)所示。

$$\min_{p_i^C} \quad \tilde{\alpha}_1 \frac{\tilde{E}_i(p_i^C)}{E_{i,\max}} + \tilde{\alpha}_2 \frac{\tilde{T}_i(p_i^C)}{T_{i,\max}} \tag{3-38}$$

满足的约束条件如式(3-33)至式(3-36)所示。

3.4.2 对优化问题的分情形分析

通过分析,针对有雾服务器接入这一情况,因雾服务器计算能力有限,可以发现,$\lambda_{\max}^C$ 是一个关键的参数,因为它的大小决定了是否有服务请求会被继续卸载到远程云。通过对比 $\lambda_{\max}^C$ 和 λ_{total}^M,根据是否需要远程云协助执行,将有雾服务器接入时的系统模型分为如下两种情形。

情形一:雾服务器服务请求的最大接收速率 $\lambda_{\max}^C$ 大于系统内的移动设备和系统外的移动设备卸载的服务请求速率总和 λ_{total}^M,则所有卸载的服务请求均在雾服务器端执行, 不需要使用远程云。

在这种情形下, 可以得到: $\psi^C = 1$, $\lambda_p^C = \lambda_{\text{total}}^M$。

通过将式 (3-14)、式 (3-15) 代入式 (3-37), 可以得到此种情形下系统内移动设备 i 的 E&D 优化问题的分析式 $V_1(p_i^C)$, 如式 (3-39) 所示。

$$
\begin{aligned}
\min_{p_i^C} \ & V_1(p_i^C) \\
= & \alpha_1 \frac{E_i(p_i^C)}{E_{i,\,\max}} + \alpha_2 \frac{T_i(p_i^C)}{T_{i,\,\max}} \\
= & \alpha_1 \frac{1}{E_{i,\,\max}} \big[(1-p_i^C) E_i^M + p_i^C E_i^S \big] + \alpha_2 \frac{1}{T_{i,\,\max}} \big[(1-p_i^C) T_i^M + p_i^C (T_i^S + T_i^t + T_s^C + T_b^C) \big] \\
= & \alpha_1 \frac{1}{E_{i,\,\max}} \left[\frac{(1-p_i^C)\kappa_i}{u_i^M(1-l_i^M) - (1-p_i^C)\lambda_i} + \frac{p_i^C \eta_i}{u_i^S - p_i^C \lambda_i} \right] + \alpha_2 \frac{1}{T_{i,\,\max}} \left[\frac{1-p_i^C}{u_i^M(1-l_i^M) - (1-p_i^C)\lambda_i} \right] + \\
& \alpha_2 \frac{1}{T_{i,\,\max}} \left[p_i^C \left(\frac{1}{u_i^S - p_i^C \lambda_i} + \frac{\lambda_i p_i^C \theta_i}{q_w} + \frac{C(c,\rho^C)}{cu^C - \lambda_{\text{total}}^M} + \frac{1}{u^C} + \frac{1}{u_b^C - \rho\lambda_{\text{total}}^M} \right) \right]
\end{aligned}
$$

$$(3-39)$$

满足的优化条件如式 (3-17)、式 (3-18)、式 (3-22)、式 (3-40)、式 (3-41) 所示。

$$\lambda_{\text{total}}^M - cu^C < 0 \tag{3-40}$$

$$\rho\lambda_{\text{total}}^M - u_b^C < 0 \tag{3-41}$$

情形二: 雾服务器的最大接收速率 $\lambda_{\max}^C$ 小于系统内的移动设备和系统外的移动设备卸载的服务请求速率总和 λ_{total}^M, 即雾服务器只能处理 $\lambda_{\max}^C$ 速率的服务请求, 雾服务器中的任务分发器会将 $\lambda_{\max}^C$ 速率的服务请求均匀地分配到 c 个小型处理器上, 按照 $M/M/c$ 队列规则执行。过载的 $(\lambda_{\text{total}}^M - \lambda_{\max}^C)$ 速率的服务请求将被继续卸载到作为补充资源的远程云去执行。

在这种情形下, 可以得到: $\psi^C = \lambda_{\max}^C / \lambda_{\text{total}}^M$, $\lambda_p^C = \lambda_{\max}^C$。

将式 (3-14)、式 (3-15) 代入式 (3-37), 可以得到在此情形下移动设备 i 的 E&D 优化问题的具体代数分析式 $V_2(p_i^C)$, 如式 (3-42) 所示。

$$\min_{p_i^C} \ V_2(p_i^C)$$

$$= \alpha_1 \frac{E_i(p_i^C)}{E_{i,\,\max}} + \alpha_2 \frac{T_i(p_i^C)}{T_{i,\,\max}}$$

$$= \frac{\alpha_1}{E_{i,\,\max}} \left[\ (1-p_i^C) E_i^M + p_i^C E_i^S \ \right] +$$

$$\frac{\alpha_2}{T_{i,\,\max}} \left[\ (1-p_i^C) T_i^M + p_i^C \psi^C (T_i^S + T_i^t + T_s^C + T_b^C) + p_i^C (1-\psi^C)(T_s^{CC} + T_b^{CC}) \ \right]$$

$$= \frac{\alpha_1}{E_{i,\,\max}} \left[\frac{(1-p_i^C) \kappa_i}{u_i^M (1-l_i^M) - (1-p_i^C) \lambda_i} + \frac{p_i^C \eta_i}{u_i^S - p_i^C \lambda_i} \right] +$$

$$\frac{\alpha_2}{T_{i,\,\max}} \left[\begin{array}{l} \dfrac{1-p_i^C}{u_i^M (1-l_i^M) - (1-p_i^C) \lambda_i} + \dfrac{p_i^C \lambda_{\max}^C}{\lambda_{\text{total}}^M} \left(\dfrac{1}{u_i^S - p_i^C \lambda_i} + \dfrac{\lambda_i p_i^C \theta_i}{q_w} + \dfrac{C(c, \rho^C)}{c u^C - \lambda_{\max}^C} \right) + \\[4mm] \dfrac{p_i^C \lambda_{\max}^C}{\lambda_{\text{total}}^M} \left(\dfrac{1}{u^C} + \dfrac{1}{u_b^C - \rho \lambda_{\max}^C} \right) + p_i^C \left(1 - \dfrac{\lambda_{\max}^C}{\lambda_{\text{total}}^M} \right) \left(T^O + \dfrac{1}{u^{CC}} + \dfrac{1}{u_b^{CC} - \rho(\lambda_{\text{total}}^M - \lambda_{\max}^C)} \right) \end{array} \right]$$

$$(3\text{-}42)$$

满足的优化条件如式(3-17)、式(3-18)、式(3-22)、式(3-43)所示。

$$\rho(\lambda_{\text{total}}^M - \lambda_{\max}^C) - u_b^{CC} < 0 \tag{3-43}$$

当系统中无雾服务器接入时，将式(3-23)至式(3-29)代入式(3-38)，可得移动设备 i 的 E&D 优化问题的具体分析式 $V_3(p_i^C)$，如式(3-44)所示。

$$\min_{p_i^C} \ V_3(p_i^C)$$

$$= \widetilde{\alpha}_1 \frac{\widetilde{E}_i(p_i^C)}{E_{i,\,\max}} + \widetilde{\alpha}_2 \frac{\widetilde{T}_i(p_i^C)}{T_{i,\,\max}}$$

$$= \widetilde{\alpha}_1 \frac{1}{E_{i,\,\max}} \left[\ (1-p_i^C) \widetilde{E}_i^M + p_i^C \widetilde{E}_i^S \ \right] + \widetilde{\alpha}_2 \frac{1}{T_{i,\,\max}} \left[\ (1-p_i^C) \widetilde{T}_i^M + p_i^C (\widetilde{T}_i^S + \widetilde{T}_i^t + \widetilde{T}_s^{CC} + \widetilde{T}_b^{CC}) \ \right]$$

$$= \widetilde{\alpha}_1 \frac{1}{E_{i,\,\max}} \left[\frac{(1-p_i^C) p_i^C \kappa_i}{u_i^M (1-l_i^M) - (1-p_i^C) \lambda_i} + \frac{p_i^C \eta_i}{u_i^S - p_i^C \lambda_i} \right] +$$

$$\widetilde{\alpha}_2 \frac{1}{T_{i,\,\max}} \left[\frac{1-p_i^C}{u_i^M(1-l_i^M)-(1-p_i^C)\lambda_i} + p_i^C \left(\frac{1}{u_i^S - p_i^C \lambda_i} + \frac{\lambda_i p_i^C \theta_i}{q_c} + \frac{1}{u^{cc}} + \frac{1}{u_b^{cc} - \rho \lambda_i p_i^C} \right) \right]$$

$$(3-44)$$

满足的优化条件如式(3-33)至式(3-36)所示。

3.4.3　利用 IPM 求解卸载概率

接下来，将利用 IPM[76]求解上述构造的三个目标优化问题。IPM 原理简单，是求解不等式约束优化问题的一种有效的方法，且应用广泛。可以发现，新构造的无约束目标函数(即惩罚函数)总在可行域内，则求解得到的惩罚函数的极值点也会在可行域内。如此一来，在求解内部惩罚函数的序列无约束优化问题的过程中，所得的系列无约束优化问题的解总是可行解，从而在可行域内部逐步逼近原优化问题的最优解。值得注意的是，IPM 不能处理含有等式约束的优化问题，这是因为等式约束优化问题不存在可行域空间，而 IPM 必须保证构造的内点惩罚函数是定义在可行域内的函数。

对于目标函数 $V_1(p_i^C)$，$V_2(p_i^C)$ 和 $V_3(p_i^C)$，利用 IPM 进行求解时，结合目标函数和约束条件，构造的惩罚函数 $\Phi_1(p_i^C, \xi_1^{(k)})$，$\Phi_2(p_i^C, \xi_2^{(k)})$，$\Phi_3(p_i^C, \xi_3^{(k)})$，如式(3-45)至式(3-47)所示。

$$\Phi_1(p_i^C, \xi_1^{(k)})$$
$$= V_1(p_i^C) - \xi_1^{(k)} \ln |(1-p_i^C)\lambda_i - u_i^M(1-l_i^M)| - \xi_1^{(k)} \ln |p_i^C \lambda_i - u_i^S| - \quad (3-45)$$
$$\xi_1^{(k)} \ln |\lambda_{\text{total}}^M - cu^C| - \xi_1^{(k)} \ln |\rho \lambda_{\text{total}}^M - u_b^C| - \xi_1^{(k)} \ln |p_i^C - 1|$$

$$\Phi_2(p_i^C, \xi_2^{(k)})$$
$$= V_2(p_i^C) - \xi_2^{(k)} \ln |(1-p_i^C)\lambda_i - u_i^M(1-l_i^M)| - \xi_2^{(k)} \ln |p_i^C \lambda_i - u_i^S| - \quad (3-46)$$
$$\xi_2^{(k)} \ln |\rho(\lambda_{\text{total}}^M - \lambda_{\max}^C) - u_b^{CC}| - \xi_2^{(k)} \ln |p_i^C - 1|$$

$$\Phi_3(p_i^C, \xi_3^{(k)})$$
$$= V_3(p_i^C) - \xi_3^{(k)} \ln |(1-p_i^C)\lambda - u_i^M(1-l_i^M)| - \quad (3-47)$$
$$\xi_3^{(k)} \ln |p_i^C \lambda_i - u_i^S| - \xi_3^{(k)} \ln |\rho \lambda_i p_i^C - u_b^{CC}| - \xi_3^{(k)} \ln |p_i^C - 1|$$

其中，在式（3-45）至式（3-47）中，$\xi_j^{(k)}$（$j=1,2,3$；$k=0,1,2,\cdots$）为惩罚系数，是递减的正数序列，且满足 $\lim\limits_{k\to+\infty}\xi_j^{(k)}=0$。$\xi_j^{(k)}$ 的递推关系如式（3-48）所示。

$$\xi_j^{(k+1)}=\beta_j\xi_j^{(k)}，j=1,2,3；k=0,1,2\cdots \qquad (3-48)$$

式中：$\beta_j(j=1,2,3)$——递减系数，通常取 $[0.1,0.5]$ 之间的数。

经验证，惩罚函数的收敛速度和递减系数有着直接关系。一般说来，递减系数越小，收敛速度越快。当迭代点在可行域内部时，约束条件均小于零，而 $\xi_j^{(k)}$（$j=1,2,3$；$k=0,1,2,\cdots$）恒大于零，此时的惩罚函数值不会太大。当设计点由可行域内部向约束边界移动时，惩罚项的值要急剧增大并趋于无穷大，于是惩罚函数的值也急剧增大直至无穷大，起到惩罚的作用，使其在迭代过程中始终不会触及约束边界，这就是 IPM 原理。

基于 IPM 求解构造的 E&D 优化问题式（3-39）、式（3-42）、式（3-44），从而得到最优卸载概率的步骤如算法 3-1 所示。

算法 3-1　基于内点算法求解 E&D 优化问题

输入：λ_i：移动设备 i 的服务请求到达速率；

　　　$\lambda_{\max}^C$：雾服务器的最大接收速率.

输出：$(p_i^C(\xi^{(k)}))^*$：移动设备的最优卸载概率.

初始化：$(p_i^C)^0$：可行点；$\xi_j^{(0)}(j=1,2,3)$：惩罚因子；$\beta_j(j=1,2,3)$：递减系数；$\varphi_j(j=1,2,3)$：允许误差；$k=0$：迭代步数.

(1) for $j=1$ to 3

(2) 　　求惩罚函数 $\Phi_j(p_i^C,\xi_j^{(k)})$ 的极值点 $p_i^C(\varepsilon_j^{(k)})$，即 $\partial\Phi_j(p_i^C,\xi_j^{(k)})/\partial p_i^C=0$

(3) 　　while（$\parallel p_i^C(\xi_j^{(k)})-(p_i^C)^0\parallel\geqslant\varphi_j$），do

(4) 　　　　$(p_i^C)^0=p_i^C(\varepsilon_j^{(k)})$

(5) 　　　　$\xi_j^{(k+1)}=\beta_j\xi_j^{(k)}$

(6) 　　　　$k=k+1$

(7) 　　　　由 $\partial\Phi_j(p_i^C,\xi_j^{(k)})/\partial p_i^C=0$，求得 $p_i^C(\varepsilon_j^{(k)})$

(8) 　　end while

(9) end for

通过算法 3-1，当权重系数 $\{\alpha_1,\alpha_2\}$ 和服务请求到达速率 λ_i 确定时，可以得到移动设备 i 的最优卸载概率，从而使移动设备 i 的 E&D 性能达到最优。因

为只有一层 while 内循环，故算法的时间复杂度为 $O(3n)$。可见，IPM 有较低的复杂性。

使用 IPM 时，应考虑如下几个问题[77]：

(1) 选取初始可行点 $(p_i^C)^0$，$(\tilde{p}_i^{CC})^0$ 需谨慎。

初始点 $(p_i^C)^{(0)}$，$(\tilde{p}_i^{CC})^{(0)}$ 不能为约束边界上的点，需满足所有的约束条件，严格控制在可行域内。如果优化问题的约束条件相对比较简单，直接人工输入初始点 $(p_i^C)^{(0)}$，$(\tilde{p}_i^{CC})^{(0)}$ 即可；若约束条件比较复杂，初始点 $(p_i^C)^{(0)}$，$(\tilde{p}_i^{CC})^{(0)}$ 可采用随机数的方式产生，参照复合形法。

(2) 选取初始惩罚因子 $\xi_j^{(0)}(j=1,2,3)$ 需谨慎。

经验证，初始惩罚因子 $\xi_j^{(0)}(j=1,2,3)$ 是显著影响 IPM 收敛速度的一个关键因素，选择恰当与否关系到求解问题的成败。若 $\xi_j^{(0)}$ 取值太小，则在构造的惩罚函数 $\Phi_1(p_i^C, \xi_1^{(k)})$，$\Phi_2(p_i^C, \xi_2^{(k)})$，$\Phi_3(\tilde{p}_i^{CC}, \xi_3^{(k)})$ 中，惩罚项起到很小的作用。当求解惩罚函数的无约束极值时，与求原目标函数本身的无约束极值没有区别，且此时求得的极值点有可能跃出可行域，与原目标函数的约束极值点相差很大。相反，如果 $\xi_j^{(0)}$ 取值过大，在开始若干次的迭代中，求得的惩罚函数的无约束极值点离约束边界很远，大大降低计算效率。

◆◇ 3.5　仿真实验

在这一节中，仍利用 MATLAB 对有雾服务器接入和无雾服务器接入时，基于 IPM 求解的 E&D 优化问题进行仿真分析。假设在有雾服务器接入时，雾服务器中小型处理器的数量 $c=4$。其他仿真参数如表 3-1 所列[78]。

这里，移动设备服务请求到达速率、雾/云服务速率等采用的单位均为 MIPS。MIPS 是单字长定点指令平均执行速度 Million Instructions Per Second 的缩写，指每秒处理的百万级机器语言指令数，是衡量 CPU 速度的一个指标。

表 3-1　仿真参数设置

符号	数值	符号	数值
u_i^M	6 MIPS	u_i^S	8 MIPS
u^C	10 MIPS	u_b^C	20 MIPS
u^{CC}	25 MIPS	u_b^{CC}	25 MIPS
κ_i	6 J/s	η_i	3 J/s
q_w	5 Mb	q_c	2 Mb
θ_i	0.2 Mb	λ_{max}^C	30 MIPS
$E_{i,\,max}$	15 J	$T_{i,\,max}$	2 s

　　首先,对算法中有雾服务器接入时的第一种情形进行模拟。假设此时系统外的所有移动设备卸载到雾服务器的服务请求的速率总和为 $B=15$ MIPS,为一确定的常数,研究的系统内的移动设备服务请求到达速率为 5~8 MIPS,这样所有服务请求的到达速率之和小于雾服务器的最大接收速率 $\lambda_{max}^C=30$ MIPS,此时所有卸载的服务请求全部在雾服务器中执行,不需要远程云的协助。

　　图 3-3 研究了卸载概率与能量消耗和执行时延的关系。从图 3-3(a)可以发现,随着卸载概率的增大,移动设备的能量消耗越来越小,因为发送服务请求的能量消耗远远小于本地处理相同任务 CPU 的能量消耗。当卸载较多的服务请求到雾服务器时,移动设备 CPU 执行的服务请求较少,这样会减少移动设备本身的能量消耗。这也直接证明了卸载服务请求会降低移动设备的能量消耗,从而延长电池的寿命,且在卸载速率较小时,能量消耗的下降速度比较快。从图 3-3(b)可以发现,执行时延会随卸载概率的增大而增大,因为当服务请求被卸载后,执行时延包括移动设备无线端口的发送时间、信道的传输时间、在雾服务器的等待时间、雾服务器的处理时间,以及雾服务器的传送时间等,这都会使执行服务请求的时延加长。并且随着卸载概率的增大,卸载的服务请求越来越多,执行时延变大的速率越来越快(卸载概率在0.5~1.0时),这是因为较多的服务请求卸载到雾服务器,使得服务请求在雾服务器的等待时延越来越大。对比图 3-3 中(a)(b)两个分图,可以得出卸载概率与能量消耗与执行时延的关系是矛盾的。因此,为了权衡移动设备能量消耗和执行时延两者的关系,研究卸载概率是有必要的。

　　图 3-4 研究了移动设备在其他参数都确定,在不同权重系数[分别为

(0.85，0.15)，(0.50，0.50)，(0.15，0.85)]下，服务请求到达速率和卸载概率之间的关系。可以发现，在服务请求到达率较低的情况下，移动设备的能量消耗权重较大时[如(0.85，0.15)]，卸载概率较高；当执行时延的权重比较大时[如(0.15，0.85)]，卸载概率较低。这是因为研究的目的在于最小化 E&D的消耗总和，卸载较多的服务请求会使移动设备本身的能量消耗越来越少，但执行时延越来越大。在服务请求到达率较高的情况下，移动设备的执行时延权重较大时，卸载概率较高；当能量消耗的权重较大时，卸载概率较低。这说明当服务请求对时延比较敏感，且服务请求到达速率较大时，卸载到雾服务器是一个更好的选择。但图 3-4 中三条曲线的卸载概率都是随着服务请求到达速率的增大而增大。

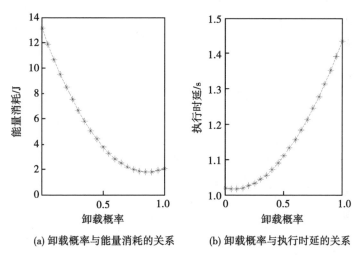

(a) 卸载概率与能量消耗的关系   (b) 卸载概率与执行时延的关系

图 3-3 卸载概率与能量消耗和执行时延的关系

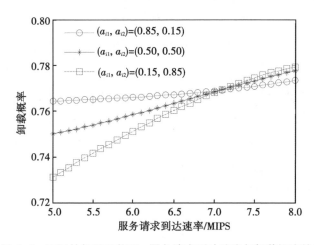

图 3-4 不同的权重系数下，服务请求到达速率与卸载概率的关系

然后,对有雾服务器接入的第二种情形进行模拟。假设此时系统外的所有移动设备卸载到雾服务器的服务请求到达速率总和为 $B = 40$ MIPS,这时需要远程云执行雾服务器过载的服务请求。

图 3-5 对 CPU 占用率对卸载概率的影响进行了分析。当移动设备的 CPU 占有率较大时,此时移动设备在执行较多的系统外的服务请求,可利用的 CPU 计算资源较少,移动设备只能将更多的服务请求卸载到雾服务器去执行。故 CPU 占有率越大,卸载概率也越大。

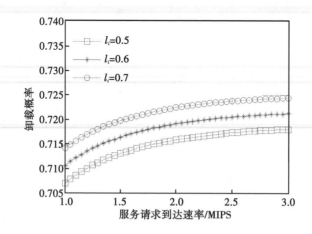

图 3-5 不同 CPU 占用率下,服务请求到达速率与卸载概率的关系

在图 3-6 中,在权重系数和 CPU 占用率都固定的情况下,研究卸载概率和目标优化值 E&D 的关系。在这里,设定 $(\alpha_1, \alpha_2) = (0.8, 0.2)$,$l_i = 0.3$。从每个分图可以看出,在服务请求到达率不同时,移动设备的最优卸载概率也不相同,且服务请求到达速率越大,最优卸载概率也越大。例如,当 $\lambda_i = 5$ MIPS 时,$(p_i^C)^* = 0.409$;当 $\lambda_i = 8$ MIPS 时,$(p_i^C)^* = 0.476$。通过每一个分图曲线可以得到,在一定的区间内,随着卸载概率的增大,经过无量纲化处理后的 E&D 的消耗总和越来越小,因为此时全部卸载的服务请求速率总和较小,雾服务器可以执行完成,没有过长的等待时间。E&D 的消耗总和达到最低时,此点即为最优卸载概率。随着卸载概率的增大,E&D 的消耗总和越来越大,这是因为卸载到雾服务器的服务请求较多,会在雾服务器或者远程云中产生较长的时延,从而使得 E&D 的消耗总和也越来越大。

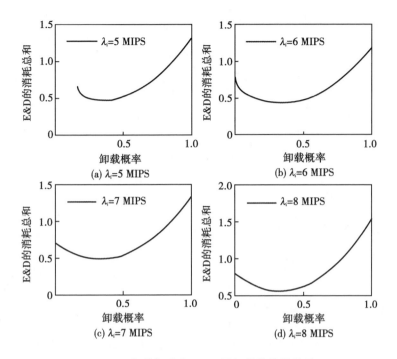

图 3-6 卸载概率和 E&D 目标优化值的关系

在图 3-7 中，在无雾服务器接入的情况下，研究了在不同的服务请求到达速率下，卸载概率对目标优化值（E&D 的消耗总和）的关系。同样，每个分图的图形都类似抛物线，曲线的最低点对应的即为最优卸载概率，此时移动设备的 E&D 消耗总和最小。不同的服务请求到达速率有不同的最优卸载概率，并且服务请求到达速率越大，卸载概率越大。

图 3-8 研究了在无雾服务器接入时移动设备的 CPU 占用率与卸载概率之间的关系。同样，可以得到，当服务请求到达速率确定时，CPU 占用率越低，即移动设备本身有较多的计算资源时，对应的卸载概率就越低；CPU 占用率越高，即移动设备本身的计算资源不足时，对应的卸载概率就越高。这说明当移动设备本身没有足够的计算资源执行服务请求时，移动设备若要完成生成的服务请求，不得不将更多的服务请求卸载出去。

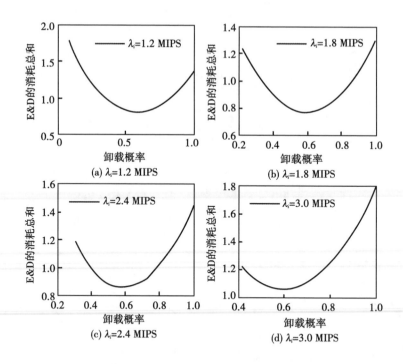

(a) λ_i=1.2 MIPS

(b) λ_i=1.8 MIPS

(c) λ_i=2.4 MIPS

(d) λ_i=3.0 MIPS

图 3-7   在无雾服务器接入时卸载概率和 E&D 目标优化值的关系

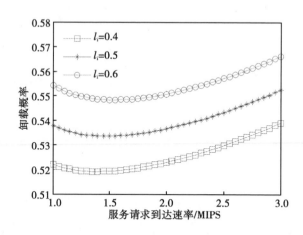

图 3-8   在无雾服务器接入时, 不同 CPU 占用率下, 服务请求到达速率与卸载概率的关系

图 3-9 将本章 IPM 与文献[79]和[80]所提的启发算法进行了对比。在文献[79]中, Wang 等引入了一个具有多项式时间复杂度的启发算法。在文献[80]中, Haghighi 等根据图论中寻找最优路径的思想, 利用 M-LARAC 启发算法求解。可以发现, 随着服务请求到达速率的增大, 各个算法的 E&D 的消耗总

和都会变大。此外，在三种算法下，本章所提的 IPM 能使移动设备的能量消耗和执行时延的消耗总和达到更小。与上述两个文献所提的两种启发算法相比，本章所提的 IPM 有一定的优势。

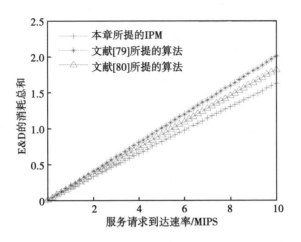

图 3-9 本章 IPM 算法与其他算法的对比

◆◇ 3.6 本章小结

本章研究了单用户在有雾服务器接入和无雾服务器接入这两种情形下的服务请求卸载问题，通过求解移动设备的服务请求卸载概率，使其 E&D 达到最优。针对有雾服务器接入的情形，结合雾服务器的负载均衡，将所有卸载的服务请求到达速率之和与雾服务器的最大接收速率做了比较。当全部的服务请求到达速率总和小于雾服务器的最大接收速率时，所有卸载的服务请求都在雾服务器端执行，不需要远程云的协助；当全部的服务请求到达速率总和大于雾服务器的最大接收速率时，则雾服务器只能处理最大接收速率这么多的服务请求，过载的服务请求将继续卸载到远程云上执行。针对无雾服务器接入的情形，将服务请求直接卸载到远程云，会产生较长的时延。引入排队论对各部分的执行时延进行模拟，提出了一个多目标优化问题，进而转化为一个单目标优化问题，利用 IPM 求解了最优卸载概率。最终理论在仿真实验中得到验证。

第4章　多用户在异构网络中静态计算卸载策略的研究

本章在前文的研究基础上考虑了一个有雾服务器接入时多用户的计算卸载模型。本章不考虑系统外的服务请求，系统内每个移动设备的卸载概率和发送功率为待优化的变量。所以，本章的模型并不是前一章模型的推广，在研究系统卸载的服务速率总和时会和上一章的处理方式不同。本章同样采用排队论来对服务请求在移动设备、雾服务器和远程云服务器的执行情况进行模拟。结合排队理论，可以准确得到待执行的服务请求在移动设备、雾服务器和远程云服务器的平均执行时延。在对雾服务器进行模拟时，同样结合了雾服务器的负载均衡。通过对卸载过程进行数学模拟，提出了一个最小化系统所有移动设备的平均能量消耗、执行时延和价钱花费的多目标优化问题。同样，基于权重算法和无量纲化处理，将该多目标优化问题转化为单目标优化问题，最后基于 IPM 求解卸载概率和发送功率。

◆◇ 4.1　有雾服务器接入的多用户计算卸载模型

在如图 4-1 所示的系统模型中，考虑了一个有雾服务器接入的多用户计算卸载模型，在此系统中，包含若干个移动设备、一个雾服务器和远程云服务器，通过雾服务器和远程云服务器分工和相互合作的方式来实现对多个移动设备服务请求的处理。移动设备通过部署的基站连接雾服务器和远程云服务器。每个移动设备均包含一个 CPU、一个服务请求缓存器、一个无线接口等。CPU 用来执行服务请求；服务请求缓存器用来存储到达但未处理的服务请求，其内存空间足够大；无线接口用于连接无线网络，发送服务请求到基站，并接收返回的执行结果。对于每个移动设备端，它通过无线信道卸载部分的服务请求到雾服务器。

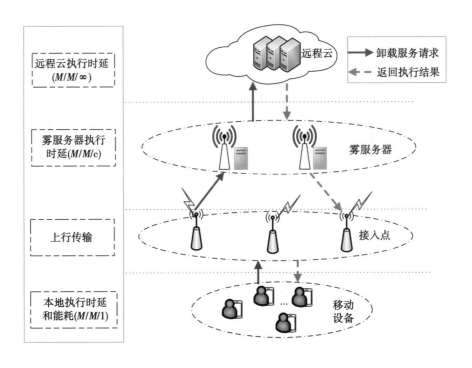

图 4-1　有雾服务器接入的多用户计算卸载模型

系统中移动设备的集合表示为 $N=\{1, 2, \cdots, N\}$，$N>2$。假设移动设备 i（$i \in N$），生成的服务请求为平均速率为 λ_i 的泊松流。这些服务请求均为计算密集型，且相互独立，在移动设备端或者雾/云服务器中均能执行。移动设备的 CPU 对各请求的服务时间相互独立，服从相同的负指数分布，故把系统中所有移动设备端任务执行过程看作 $M/M/1$ 队列。对于移动设备 i 来说，每个服务请求包含的数据量大小为 θ_i，被卸载到雾服务器的概率为 p_i^F（$0<p_i^F<1$），称为卸载概率，p_i^F 为本系统待优化的变量，通过优化 p_i^F，系统性能（包括能量、时延、花费）将达到最优。根据泊松分布的性质，卸载到雾服务器的服务请求和在本地执行的服务请求均服从泊松分布，且平均速率分别为 $p_i^F \lambda_i$ 和 $(1-p_i^F)\lambda_i$。可以看出，p_i^F 越大，越多的服务请求会被卸载到雾服务器或者远程云上，较少的服务请求会在本地执行，这时移动设备的能量消耗变少，而执行时延会增大。反之，p_i^F 越小，较多的服务请求将在本地执行，较少的服务请求会被卸载到雾服务器或者远程云服务器，这时移动设备的能量消耗变多，而执行时延会减少。

◆◇ 4.2 多目标优化问题的形成

4.2.1 移动设备本地执行和上行传输过程

假设移动设备 i 的 CPU 执行速率为 u_i^M，CPU 占用率为 l_i^M，满足 $0 \leqslant l_i^M < 1$，即可能在执行系统之外的任务。根据 $M/M/1$ 排队理论，移动设备 i 本地执行的平均响应时间 $T_i^M(p_i^F)$，如式（4-1）所示。

$$T_i^M(p_i^F) = \frac{1}{u_i^M(1-l_i^M)-(1-p_i^F)\lambda_i} \tag{4-1}$$

移动设备 i 本地执行未卸载的服务请求时，由 CPU 运行产生的能量消耗 $E_i^M(p_i^F)$，如式（4-2）所示。

$$E_i^M(p_i^F) = \kappa_i T_i^M(p_i^F) = \kappa_i \frac{1}{u_i^M(1-l_i^M)-(1-p_i^F)\lambda_i} \tag{4-2}$$

式中：κ_i——移动设备 i 单位时间内 CPU 的运行功率，为一固定常数。

对于带宽有限、平均功率有限的高斯白噪声连续信道，信道容量用香农公式（Shannon Formula）表示，即 $C = B\log_2(1+S/N)$。其中，C 表示信道容量，B 为带宽，S 为信号平均功率，N 为噪声功率。该公式反映了信道容量和信号平均功率、噪声功率的函数关系，显然，信道容量与带宽成正比。香农公式是扩频通信的理论基础，在无线网络传输方面有着重要的应用。

考虑系统中其他移动设备端产生的干扰，当移动设备 i 传输数据到基站时，基于香农公式，信道容量，即上行传输速率 $R_i(p_i^F, P_i)$，如式（4-3）所示。其中，$\sum\limits_{j \in \mathbf{N}, j \neq i} P_j h_j$ 为系统中其他移动设备产生的干扰噪声功率。

$$R_i(p_i^F, P_i) = W\log_2\left(1 + \frac{P_i h_i}{\omega_0 + \sum\limits_{j \in \mathbf{N}, j \neq i} P_j h_j}\right) \tag{4-3}$$

式中：W——信道带宽；

　　P_i——移动设备 i 的传输功率，为待优化的变量，且满足 $0 < P_i < P_i^{max}$，其中 P_i^{max} 为移动设备 i 的最大传输功率；

　　h_i——信道增益；

　　ω_0——信息传输过程中的噪声功率。

根据式(4-3)，可以得出移动设备 i 传输卸载的服务请求到基站所需要的时间 $T_i^t(p_i^F, P_i)$，如式(4-4)所示。其中，$p_i^F \lambda_i \theta_i$ 是卸载的服务请求中所包含的数据量。

$$T_i^t(p_i^F, P_i) = \frac{p_i^F \lambda_i \theta_i}{R_i(p_i^F, P_i)} = \frac{p_i^F \lambda_i \theta_i}{W \log_2 \left(1 + \dfrac{P_i h_i}{\omega_0 + \sum\limits_{j \in \mathbf{N}, j \neq i} P_j h_j} \right)} \qquad (4-4)$$

移动设备 i 传输卸载的服务请求产生的能量消耗 $E_i^S(p_i^F, P_i)$，如式(4-5)所示。

$$E_i^S(p_i^F, P_i) = P_i T_i^t(p_i^F, P_i) = \frac{P_i p_i^F \lambda_i \theta_i}{W \log_2 \left(1 + \dfrac{P_i h_i}{\omega_0 + \sum\limits_{j \in \mathbf{N}, j \neq i} P_j h_j} \right)} \qquad (4-5)$$

4.2.2　云服务器的执行过程

云服务器的执行过程包括雾服务器的执行过程和远程云的执行过程，远程云仍作为补充资源。雾服务器安装在基站的边缘，与基站通过高宽带的有线连接，故服务请求从基站传输到雾服务器的时间忽略不计。雾服务器由 c 个相同的小型处理器组装而成，各个处理器间相互独立，且服务速率均为 u^F。当卸载的服务请求到达雾服务器，雾服务器的任务分发器将其均匀地分配给 c 个处理器。

设雾服务器服务请求的最大接收速率为 λ_{max}^F。系统中所有移动设备卸载到雾服务器的服务请求速率总和为 λ_{total}^M。根据泊松分布的性质，λ_{total}^M 的表达式如式(4-6)所示。

$$\lambda_{\text{total}}^{M} = \sum_{i=1}^{N} \lambda_i p_i^{F} \qquad (4-6)$$

雾服务器任务执行过程仍然可以看作 $M/M/c$ 队列。将雾服务器实际执行的卸载的服务请求的比例用 ψ^{F} 表示，如式(4-7)所示。

$$\psi^{F} = \begin{cases} 1; & \lambda_{\max}^{F} \geq \lambda_{\text{total}}^{M} \\ \dfrac{\lambda_{\max}^{F}}{\lambda_{\text{total}}^{M}}; & \lambda_{\max}^{F} < \lambda_{\text{total}}^{M} \end{cases} \qquad (4-7)$$

相应地，将雾服务器的实际执行速率设为 λ_p^{F}，如式(4-8)所示。

$$\lambda_p^{F} = \psi^{F} \lambda_{\text{total}}^{M} = \begin{cases} \lambda_{\text{total}}^{M}; & \lambda_{\max}^{F} \geq \lambda_{\text{total}}^{M} \\ \lambda_{\max}^{F}; & \lambda_{\max}^{F} < \lambda_{\text{total}}^{M} \end{cases} \qquad (4-8)$$

根据 $M/M/c$ 排队理论，雾服务器执行卸载的服务请求的平均响应时间 $T_s^{F}(\lambda_p^{F})$，如式(4-9)所示。

$$T_s^{F}(\lambda_p^{F}) = \frac{C(c, \rho^{F})}{cu^{F} - \lambda_p^{F}} + \frac{1}{u^{F}} \qquad (4-9)$$

其中 $C(c, \rho^{F})$，如式(4-10)所示。

$$C(c, \rho^{F}) = \frac{\left(\dfrac{(c\rho^{F})}{c!}\right)\left(\dfrac{1}{1-\rho^{F}}\right)}{\displaystyle\sum_{k=0}^{c-1} \frac{(c\rho^{F})^{k}}{k!} + \left(\dfrac{(c\rho^{F})}{c!}\right)\left(\dfrac{1}{1-\rho^{F}}\right)} \qquad (4-10)$$

式中：ρ^{F}——雾服务器的服务强度，表示为 $\rho^{F} = \lambda_p^{F}/cu^{F}$，且 $\rho^{F} < 1$。

设生成的执行结果是平均速率为 $\upsilon\lambda_p^{C}$ 的泊松流，假设雾服务器无线端口的发送速率为 u_b^{F}，同样按照 $M/M/1$ 队列规则传输执行结果，则执行结果返回移动设备端的平均响应时间 $T_b^{F}(\lambda_p^{F})$，如式(4-11)所示。

$$T_b^{F}(\lambda_p^{F}) = \frac{1}{u_b^{F} - \upsilon\lambda_p^{F}} \qquad (4-11)$$

式中：v——输出结果的速率与输入速率的比值。

雾服务器和远程云通过有线连接，传输时会产生固定时延 T^O，远程云中有数量充足、相互独立的服务器，故远程云服务请求执行过程可以看作 $M/M/\infty$ 队列。

将远程云端服务器的服务速率设为 u^{CC}，且设 $u^{CC} \gg u^F$。当雾服务器不能处理所有卸载的服务请求时，它会将过载的服务请求卸载到远程云中。那么过载的服务请求的平均响应时间 T_s^{CC}，如式（4-12）所示。

$$T_s^{CC} = T^O + \frac{1}{u^{CC}} \tag{4-12}$$

远程云处理完毕，会将计算结果返回到雾服务器，而后由雾服务器返回到移动设备端。远程云的无线端口的发送功率为 u_b^{CC}，同样按照 $M/M/1$ 的队列规则传输执行结果，则远程云服务器返回计算结果的平均响应时间 $T_b^{CC}(p_i^F)$，如式（4-13）所示。

$$T_b^{CC}(p_i^F) = \frac{1}{u_{b.}^{CC} - v(\lambda_{\text{total}}^M - \lambda_p^F)} \tag{4-13}$$

4.2.3　多目标优化问题的描述

从式（4-2）式（4-5），可以得到系统内移动设备 i 平均能量消耗 $E_i(p_i^F, P_i)$ 的表达式，如式（4-14）所示。

$$E_i(p_i^F, P_i) = (1-p_i^F)E_i^M(p_i^F) + p_i^F E_i^S(p_i^F, P_i) \tag{4-14}$$

根据式（4-1）、式（4-9）、式（4-11）至式（4-13），可以得到系统内研究的移动设备 i 的平均执行时延 $T_i(p_i^F, P_i)$，如式（4-15）所示。

$$
\begin{aligned}
&T_i(p_i^F, P_i) \\
&= (1-p_i^F)T_i^M(p_i^F) + p_i^F T_i^i(p_i^F, P_i) + p_i^F \psi^F[T_s^F(\lambda_p^F) + T_b^F(\lambda_p^F)] + \\
&\quad p_i^F(1-\psi^F)[(T_s^{CC} + T_b^{CC}(p_i^F))]
\end{aligned} \tag{4-15}
$$

本节旨在研究系统所有移动设备的平均能量消耗和执行时延。已知系统内包含 N 个移动设备，则系统的平均能量消耗 $E(\boldsymbol{p}^F, \boldsymbol{P})$ 和平均执行时延 $T(\boldsymbol{p}^F, \boldsymbol{P})$ 分别如式(4-16)、式(4-17)所示。

$$
\begin{aligned}
&E(\boldsymbol{p}^F, \boldsymbol{P}) \\
&= \frac{1}{N} \sum_{i=1}^{N} E_i(p_i^F, P_i) \\
&= \frac{1}{N} \left\{ \sum_{i=1}^{N} \left[(1 - p_i^F) E_i^M(p_i^F) + p_i^F E_i^S(p_i^F, P_i) \right] \right\} \\
&= \frac{1}{N} \left\{ \sum_{i=1}^{N} \left[\frac{(1 - p_i^F) \kappa_i}{u_i^M(1 - l_i^M) - (1 - p_i^F)\lambda_i} + \frac{(p_i^F)^2 P_i \lambda_i \theta_i}{W \log_2\left(1 + \dfrac{P_i h_i}{\omega_i + \sum\limits_{j \in \mathbf{N}, j \neq i} P_j h_j}\right)} \right] \right\}
\end{aligned}
$$

$$(4-16)$$

$$
\begin{aligned}
&T(\boldsymbol{p}^F, \boldsymbol{P}) \\
&= \frac{1}{N} \left[\sum_{i=1}^{N} T_i(p_i^F, P_i) \right] \\
&= \frac{1}{N} \sum_{i=1}^{N} \left\{ (1 - p_i^F) T_i^M + p_i^F \left[T_i^t + \psi^F(T_s^C + T_b^F) + (1 - \psi^F)(T_s^{CC} + T_b^{CC}) \right] \right\} \\
&= \frac{1}{N} \sum_{i=1}^{N} \left\{
\begin{array}{l}
(1 - p_i^F) \dfrac{1}{u_i^M(1 - l_i^M) - (1 - p_i^F)\lambda_i} + \\[2ex]
p_i^F \dfrac{p_i^F \lambda_i \theta_i}{W \log_2\left(1 + \dfrac{P_i h_i}{\omega_i + \sum\limits_{j \in \mathbf{N}, j \neq i} P_j h_j}\right)} + \\[3ex]
p_i^F \psi^F \left[\dfrac{C(c, \rho^C)}{c u^F - \lambda_p^F} + \dfrac{1}{u^F} + \dfrac{1}{u_b^F - \upsilon \lambda_p^F} \right] + \\[2ex]
(1 - \psi^F) \left[T^O + \dfrac{1}{u^{CC}} + \dfrac{1}{u_b^{CC} - \upsilon(\lambda_{\text{total}}^M - \lambda_p^F)} \right]
\end{array}
\right\}
\end{aligned}
$$

$$(4-17)$$

式中：p^F——系统中所有移动设备的卸载策略，表示为 $p^F = [p_1^F, \cdots, p_i^F, \cdots, p_N^F]$；

　　P——系统中所有移动设备的发送功率，表示为 $P = [P_1, \cdots, P_i, \cdots, P_N]$。

此外，移动设备使用雾服务器或远程云服务器中的资源必须按需付费。假设雾服务器资源的单价为 r^F，远程云服务器资源的单价为 r^{CC}，且设 $r^F < r^{CC}$，因为远程云服务器中有不计其数的服务器，服务器的集中供电、维护、冷却都需要投入大量的费用。根据以上假设，可以得到系统中所有移动设备的平均价钱花费 $M(p^F)$，如式（4-18）所示。

$$M(p^F) = \frac{1}{N} \{ r^F \lambda_p^F(p_i^F) + r^{CC} [\lambda_{\text{total}}^M(p_i^F) - \lambda_p^F(p_i^F)] \} \tag{4-18}$$

结合上述分析，提出了一个最小化系统内所有移动设备的 E&D&P 的优化问题，如式（4-19）所示。

$$\min_{\{p_i^F, P\}} \{ E(p^F, P), T(p^F, P), M(p^F) \} \tag{4-19}$$

满足的约束条件如式（4-20）至式（4-26）所示。

$$(1 - p_i^F) \lambda_i - u_i^M (1 - l_i^M) < 0 \tag{4-20}$$

$$\lambda_p^F - cu^F < 0 \tag{4-21}$$

$$v \lambda_p^F - u_b^F < 0 \tag{4-22}$$

$$v(\lambda_{\text{total}}^M - \lambda_p^F) - u_b^{CC} < 0 \tag{4-23}$$

$$0 < P_i < P_i^{\max} \tag{4-24}$$

$$0 < p_i^F < 1 \tag{4-25}$$

$$i \in \mathbf{N} \tag{4-26}$$

同样，约束条件式(4-20)至式(4-21)指 $M/M/1$ 队列中服务请求到达速率小于服务台的服务率，约束条件式(4-22)至式(4-23)指执行结果的生成速率小于端口的发送速率，从而确保系统稳定。

通过观察式(4-16)、式(4-17)，可以得出各个移动设备的优化变量 p_i^F，P_i 相互制约。当移动设备的 p_i^F 增大时，较多的服务请求卸载到雾服务器或远程云服务器，则移动设备端的能量消耗会减小但是执行时延反而会增大；当移动设备端的 P_i 增大，数据在信道的传输时间会缩短，故执行时延会减小，但传输能量消耗会增大。因此，本章将综合优化各个移动设备的卸载概率 p_i^F 和发送功率 P_i，从而使整个系统的 E&D&P 性能达到最优。

◆◆ 4.3 基于内点算法求解最优策略

4.3.1 转化为单目标优化问题

上述构造的优化问题式(4-19)为一个多目标优化问题，对目标函数表达式 $E(\boldsymbol{p}^F, \boldsymbol{P})$，$T(\boldsymbol{p}^F, \boldsymbol{P})$，$M(\boldsymbol{p}^F)$ 均进行无量纲化处理，即为 $E(\boldsymbol{p}^F, \boldsymbol{P})/E_{max}$，$T(\boldsymbol{p}^F, \boldsymbol{P})/T_{max}$，$M(\boldsymbol{p}^F)/M_{max}$。

式中：E_{max}——全部设备能量的最大值，表示为 $E_{max} = \max\{E_{1, max}, \cdots, E_{i, max}, \cdots, E_{N, max}\}$；

T_{max}——全部设备时延的最大值，表示为 $T_{max} = \max\{T_{1, max}, \cdots, T_{i, max}, \cdots, T_{N, max}\}$；

M_{max}——全部设备花费的最大值，表示为 $M_{max} = \max\{M_{1, max}, \cdots, M_{i, max}, \cdots, M_{N, max}\}$。

接着，引入权重系数 $\{\alpha_1, \alpha_2, \alpha_3\}$（$\alpha_1 + \alpha_2 + \alpha_3 = 1$）来反映能量消耗、执行时延和价钱花费三者之间的关系，则式(4-19)构造的多目标优化问题转变为一个单目标优化问题，如式(4-27)所示。

$$\min_{\{p_i^F, \boldsymbol{P}\}} \quad \alpha_1 \frac{E(\boldsymbol{p}^F, \boldsymbol{P})}{E_{max}} + \alpha_2 \frac{T(\boldsymbol{p}^F, \boldsymbol{P})}{T_{max}} + \alpha_3 \frac{M(\boldsymbol{p}^F)}{M_{max}} \quad (4-27)$$

约束条件如式(4-20)至式(4-26)所示。

4.3.2　对优化问题的具体分析

通过具体分析，对于系统性能来说，雾服务器服务请求的最大接收速率 $\lambda_{\max}^F$ 是一个关键的因子，它的大小决定了是否需要远程云的协助。通过对比 $\lambda_{\max}^F$ 和 λ_{total}^M，将系统分为如下两种情形。

情形一：雾服务器服务请求的最大接收速率 $\lambda_{\max}^F$ 大于系统的全部卸载速率 λ_{total}^M，即系统中所有的移动设备卸载的服务请求均在雾服务器端处理，不需要使用远程云中的资源。

在这种情形下，$\psi^F = 1$ 以及 $\lambda_p^F = \lambda_{total}^M$。

通过将式(4-16)至式(4-18)代入式(4-26)，可以得到系统 E&D&P 优化问题的具体代数分析式，如式(4-28)所示。

$$
\begin{aligned}
\min_{\{p_i^F, P\}} \quad & V_1(\boldsymbol{p}^F, \boldsymbol{P}) \\
= & \alpha_1 \frac{E(\boldsymbol{p}^F, \boldsymbol{P})}{E_{\max}} + \alpha_2 \frac{T(\boldsymbol{p}^F, \boldsymbol{P})}{T_{\max}} + \alpha_3 \frac{M(\boldsymbol{p}^F)}{M_{\max}} \\
= & \alpha_1 \frac{1}{E_{\max}} \frac{1}{N} \sum_{i=1}^{N} E_i(p_i^F, P_i) + \alpha_2 \frac{1}{T_{\max}} \frac{1}{N} \sum_{i=1}^{N} T_i(p_i^F, P_i) + \alpha_3 r^F \frac{1}{M_{\max}} \frac{1}{N} \sum_{i=1}^{N} M_i(p_i^F) \\
= & \alpha_1 \frac{1}{E_{\max}} \frac{1}{N} \left\{ \sum_{i=1}^{N} \left[(1 - p_i^F) E_i^M(p_i^F) + p_i^F E_i^S(p_i^F) \right] \right\} + \\
& \alpha_2 \frac{1}{T_{\max}} \frac{1}{N} \left\{ (1 - p_i^F) T_i^M(p_i^F) + p_i^F \left[T_i^t(p_i^F) + T_s^F(p_i^F) + T_b^F(p_i^F) \right] \right\} + \\
& \alpha_3 r^F \frac{1}{M_{\max}} \frac{1}{N} \sum_{i=1}^{N} \lambda_i p_i^F \\
= & \alpha_1 \frac{1}{E_{\max}} \frac{1}{N} \sum_{i=1}^{N} \left[\frac{(1 - p_i^F) \kappa_i}{u_i^M (1 - l_i^M) - (1 - p_i^F) \lambda_i} + \frac{(p_i^F)^2 P_i \lambda_i \theta_i}{W \log_2 \left(1 + \dfrac{P_i H_{i,s}}{\omega_i + \sum\limits_{j \in \mathbf{N}, j \neq i} P_j H_{j,s}} \right)} \right] + \\
& \alpha_2 \frac{1}{T_{\max}} \frac{1}{N} \sum_{i=1}^{N} \left\{ (1 - p_i^F) \frac{1}{u_i^M (1 - l_i^M) - (1 - p_i^F) \lambda_i} + p_i^F \left[\frac{C(c, \rho^F)}{cu^F - \sum\limits_{i=1}^{N} \lambda_i p_i^F} + \frac{1}{u^F} \right] \right\} +
\end{aligned}
$$

$$p_i^F \left[\frac{p_i^F \lambda_i \theta_i}{W \log_2 \left(1 + \dfrac{P_i H_{i,s}}{\omega_i + \sum\limits_{j \in \mathbf{N}, j \neq i} P_j H_{j,s}} \right)} + \frac{1}{u_b^F - \upsilon \sum\limits_{i=1}^{N} \lambda_i p_i^F} \right] \Bigg\} +$$

$$\alpha_3 r^F \frac{1}{M_{max}} \frac{1}{N} \sum_{i=1}^{N} \lambda_i p_i^F \qquad (4-28)$$

满足的限制条件如式(4-20)、式(4-24)至式(4-26)、式(4-29)、式(4-30)所示。

$$\sum_{i=1}^{N} \lambda_i p_i^F - cu^F < 0 \qquad (4-29)$$

$$\upsilon \sum_{i=1}^{N} \lambda_i p_i^F - u_b^F < 0 \qquad (4-30)$$

情形二：雾服务器服务请求的最大接收速率 λ_{max}^F 小于系统的全部卸载速率 λ_{total}^M，即雾服务器所能处理的服务请求的速率为 λ_{max}^F，超载的 $(\lambda_{total}^M - \lambda_{max}^F)$ 的服务请求会被继续卸载到远程云服务器。

在这种情形下，$\psi^F = \lambda_{max}^F / \lambda_{total}^M$，$\lambda_p^F = \lambda_{max}^F$。

将式(4-16)至式(4-18)代入式(4-26)，可以得到系统 E&D&P 优化问题的具体代数分析式，如式(4-31)所示。

$$\min_{\{p^F, P\}} \ V_2(\boldsymbol{p}^F, \boldsymbol{P})$$

$$= \alpha_1 \frac{1}{E_{max}} \frac{1}{N} \sum_{i=1}^{N} E_i(p_i^F, P_i) + \alpha_2 \frac{1}{T_{max}} \frac{1}{N} \sum_{i=1}^{N} T_i(p_i^F, P_i) + \alpha_3 \frac{1}{M_{max}} \frac{1}{N} \sum_{i=1}^{N} M_i(p_i^F)$$

$$= \alpha_1 \frac{1}{E_{max}} \frac{1}{N} \left\{ \sum_{i=1}^{N} \left[(1 - p_i^F) E_i^M(p_i^F) + p_i^F E_i^S(p_i^F) \right] \right\} +$$

$$\alpha_2 \frac{1}{T_{max}} \frac{1}{N} \left\{ (1 - p_i^F) T_i^M + p_i^F \left[T_i^t + \psi^F (T_s^F + T_b^F) + (1 - \psi^F)(T_s^{CC} + T_b^{CC}) \right] \right\} +$$

$$\alpha_3 \frac{1}{M_{max}} \frac{1}{N} \left\{ r^F \lambda_{max}^F + r^{CC} \left(\sum_{i=1}^{N} \lambda_i p_i^F - \lambda_{max}^F \right) \right\}$$

$$= \alpha_1 \frac{1}{E_{max}} \frac{1}{N} \sum_{i=1}^{N} \left[\frac{(1 - p_i^F) \kappa_i}{u_i^M (1 - l_i^M) - (1 - p_i^F) \lambda_i} + \frac{(p_i^F)^2 P_i \lambda_i \theta_i}{W \log_2 \left(1 + \dfrac{P_i H_{i,s}}{\omega_i + \sum\limits_{j \in \mathbf{N}, j \neq i} P_j H_{j,s}} \right)} \right] +$$

$$\alpha_2 \frac{1}{T_{max}} \frac{1}{N} \sum_{i=1}^{N} \left\{ \begin{array}{l} \dfrac{1-p_i^F}{u_i^M(1-l_i^M)-(1-p_i^F)\lambda_i} + \dfrac{(p_i^F)^2 P_i \lambda_i \theta_i}{W\log_2\left(1+\dfrac{P_i H_{i,s}}{\omega_i + \sum\limits_{j\in \mathbf{N}, j\neq i} P_j H_{j,s}}\right)} + \\[3em] p_i^F\left[\dfrac{\lambda_{max}^F}{\sum\limits_{i=1}^{N}\lambda_i p_i^F}\left(\dfrac{C(c,\rho^F)}{cu^F-\lambda_{max}^F}+\dfrac{1}{u^F}+\dfrac{1}{u_b^c-\upsilon\lambda_{max}^F}\right)\right] + \\[3em] p_i^F\left(1-\dfrac{\lambda_{max}^F}{\sum\limits_{i=1}^{N}\lambda_i p_i^F}\right)\left(T^O+\dfrac{1}{u^{CC}}+\dfrac{1}{u_b^{CC}-\upsilon\left(\sum\limits_{i=1}^{N}\lambda_i p_i^F-\lambda_{max}^F\right)}\right) \end{array} \right\} +$$

$$\alpha_3 \frac{1}{M_{max}} \frac{1}{N} \left\{ r^F \lambda_{max}^F + r^{CC}\left(\sum_{i=1}^{N}\lambda_i p_i^F-\lambda_{max}^F\right)\right\} \tag{4-31}$$

满足的限制条件如式(4-20)、式(4-24)至式(4-26)、式(4-32)、式(4-33)所示。

$$\lambda_{max}^F - \sum_{i=1}^{N}\lambda_i p_i^F < 0 \tag{4-32}$$

$$\upsilon\left(\sum_{i=1}^{N}\lambda_i p_i^F - \lambda_{max}^F\right) - u_b^{CC} < 0 \tag{4-33}$$

4.3.3　利用 IPM 求卸载概率和发送功率

在本章中，同样采用 IPM 来解决上述构造的 E&D&P 优化问题。IPM 通过构造惩罚函数的方法将约束优化问题转换成无约束优化问题，再通过循环迭代过程，使算法收敛。

对于目标函数 $V_1(\boldsymbol{p}^F, \boldsymbol{P})$ 和 $V_2(\boldsymbol{p}^F, \boldsymbol{P})$，利用 IPM 进行求解时，构造的惩罚函数的表达式 $\Phi_1(\boldsymbol{p}^F, \boldsymbol{P}, \xi_1^{(k)})$，$\Phi_2(\boldsymbol{p}^F, \boldsymbol{P}, \xi_2^{(k)})$，分别如式(4-34)、式(4-35)所示。

$$\Phi_1(\boldsymbol{p}^F, \boldsymbol{P}, \xi_1^{(k)})$$
$$= V_1(\boldsymbol{p}^F, \boldsymbol{P}) - \xi_1^{(k)}\ln\left[\prod_{i=1}^{N}|(1-p_i^F)\lambda_i\tau_i - u_i^M(1-l_i^M)|\right] -$$

$$\xi_1^{(k)}\ln\left|\sum_{i=1}^{N}\lambda_i p_i^F - cu^F\right| - \xi_1^{(k)}\ln\left|\sum_{i=1}^{N}\lambda_i p_i^F - \lambda_{max}^F\right| - \xi_1^{(k)}\ln\left|\sum_{i=1}^{N}\upsilon\lambda_i p_i^F - u_b^F\right| -$$

$$\xi_1^{(k)}\ln\left(\prod_{i=1}^{N}|p_i^F - 1|\right) - \xi_1^{(k)}\ln\left(\prod_{i=1}^{N}|P_i - P_i^{max}|\right) \qquad (4-34)$$

$$\Phi_2(\boldsymbol{p}^F, \boldsymbol{P}, \xi_2^{(k)})$$

$$= V_2(\boldsymbol{p}^F, \boldsymbol{P}) - \xi_2^{(k)}\ln\left[\prod_{i=1}^{N}|(1-p_i^F)\lambda_i\tau_i - u_i^M(1-l_i^M)|\right] -$$

$$\xi_2^{(k)}\ln\left|\lambda_{max}^F - \sum_{i=1}^{N}\lambda_i p_i^F\right| - \xi_2^{(k)}\ln\left|\sum_{i=1}^{N}\upsilon(\lambda_i p_i^F - \lambda_{max}^F) - u_b^{CC}\right| -$$

$$\xi_2^{(k)}\ln\left(\prod_{i=1}^{N}|p_i^F - 1|\right) - \xi_2^{(k)}\ln\left(\prod_{i=1}^{N}|P_i - P_i^{max}|\right) \qquad (4-35)$$

其中，在式(4-34)、式(4-35)中，$\xi_j^{(k)}$($j=1, 2; k=0, 1, 2, \cdots$)为惩罚系数，是递减的正数序列，$\xi_j^{(k)}$满足如下关系，如式(4-36)、式(4-37)所示。

$$\lim_{k\to+\infty}\xi_j^{(k)} = 0 \qquad (4-36)$$

$$\xi_j^{(k+1)} = \beta_j\xi_j^{(k)}, j=1, 2; k=0, 1, 2, \cdots \qquad (4-37)$$

式中：β_j——递减系数，$j=1, 2$，通常取$[0.1, 0.5]$之间的数。

一般说来，递减系数越小，惩罚函数的收敛速度越快。

在构造惩罚函数$\Phi_j(\boldsymbol{p}^F, \boldsymbol{P}, \xi_j^{(k)})$后，一般需要求解惩罚函数关于变量的极值点，将极值点作为构造的新解，和初值进行比较，循环迭代，直到找到最优解。极值点的求解公式如式(4-38)所示。

$$\begin{cases} \dfrac{\partial\Phi_j(\boldsymbol{p}^F, \boldsymbol{P}, \xi_j^{(k)})}{\partial p_i^F} = 0 \\ \dfrac{\partial\Phi_j(\boldsymbol{p}^F, \boldsymbol{P}, \xi_j^{(k)})}{\partial P_i} = 0 \end{cases} \qquad (4-38)$$

通过算法，当权重系数$\{\alpha_1, \alpha_2, \alpha_3\}$确定时，通过构造惩罚函数，利用 IPM

求解，可以得到系统内各个移动设备最优的卸载概率$(p_i^F)^*$和最优的传输速率P_i^*，从而使得构造的 E&D&P 问题在两种不同的情形之下得到最优值。

基于 IPM 算法求解 E&D&P 优化问题的步骤，如算法 4-1 所示。可以得出，将内层 while 循环可以设为 m 次，则算法的时间复杂度为 $O(2Nm)$，复杂度较低。

算法 4-1　基于内点算法求解 E&D&P 优化问题

输入：N：系统内所有移动设备的数量；

　　　λ_i：移动设备 i 的服务请求到达速率，$i=1,\cdots,N$；

　　　$\lambda_{\max}^F$：雾服务器的最大接收速率.

输出：$((p_i^F)^*,P_i^*)$：移动设备 i 的最优卸载概率和发送功率，$i=1,\cdots,N$.

初始化：$((p_i^F)^{(0)},(P_i)^{(0)})$：移动设备 i 的可行点，$i=1,\cdots,N$；$\xi_j^{(0)}(j=1,2)$：惩罚因子；$\beta_j(j=1,2)$：

　　　　递减系数；$\varphi_j(j=1,2)$：允许误差；$k=0$：迭代步数；

（1）for $j=1$ to 2

（2）　　for $i=1$ to N

（3）　　　　运行公式（4-38），得到$(p_i^F(\varepsilon_j^{(k)}),P_i(\varepsilon_j^{(k)}))$

（4）　　　　while $(\parallel(p_i^F(\varepsilon_j^{(k)}),P_i(\varepsilon_j^{(k)}))-((p_i^F)^{(0)},(P_i)^{(0)})\parallel\geqslant\varphi_j)$, do

（5）　　　　　　$(p_i^F(\varepsilon_j^{(0)}),P_i(\varepsilon_j^{(0)}))=(p_i^F(\varepsilon_j^{(k)}),P_i(\varepsilon_j^{(k)}))$

（6）　　　　　　$\xi_j^{(k+1)}=\beta_j\xi_j^{(k)}$

（7）　　　　　　$k=k+1$

（8）　　　　　　由公式（4-38），求得极值点$(p_i^F(\varepsilon_j^{(k)}),P_i(\varepsilon_j^{(k)}))$

（9）　　　　end while

（10）　　end for

（11）end for

◆◇ 4.4　仿真实验

4.4.1　仿真参数说明

在本小节中，同样利用 MATLAB 软件对基于 IPM 求解 E&D&P 优化问题做了几组仿真实验。

实验参数设置如下：假设系统中共有 10 个移动设备，相应的数值在一定区间上都服从均匀分布，雾服务器有 4 个相同的小型处理器。信道、雾/云服务器的参数如表 4-1 所列[25]，各个移动设备的仿真参数如表 4-2 所列[78]。

表 4-1　系统中信道、雾/云服务器的仿真参数设置

符号	数值	符号	数值	符号	数值
u^F	10 MIPS	u_b^F	10 MIPS	T^O	0.5 s
u^{CC}	20 MIPS	u_b^{CC}	25 MIPS	r^F	0.001 分
W	5 MHz	λ_{max}^F	30 MIPS	r^{CC}	0.005 分

表 4-2　系统中移动设备的仿真参数设置

符号	单位	分布特征
$u_i^M, i \in \{1, \cdots, 10\}$	MIPS	服从 $[5.6, 6.4]$ 上的均匀分布
$\kappa_i, i \in \{1, \cdots, 10\}$	J/s	服从 $[5.0, 6.0]$ 上的均匀分布
$h_i, i \in \{1, \cdots, 10\}$	–	服从 $[0.8, 2.0]$ 上的均匀分布
$\theta_i, i \in \{1, \cdots, 10\}$	Mb	服从 $[0.2, 0.5]$ 上的均匀分布
$E_{i, max}, i \in \{1, \cdots, 10\}$	J	服从 $[10, 15]$ 上的均匀分布
$T_{i, max}, i \in \{1, \cdots, 10\}$	s	服从 $[1.0, 2.0]$ 上的均匀分布
$M_{i, max}, i \in \{1, \cdots, 10\}$	分	服从 $[10^{-3}, 1.8 \times 10^{-3}]$ 上的均匀分布

4.4.2　仿真实验结果

首先，研究了卸载概率和发送功率对能量消耗和执行时延的影响，分别如图 4-2 至 4-4 所示。在图 4-2 中，研究了在不同的发送功率（$P_i = 7.0$ W，$P_i = 15$ W，$P_i = 22$ W）下卸载概率对能量消耗的影响。可以发现，随着卸载概率的增大，越来越多的服务请求被卸载到雾服务器和远程云服务器，移动设备端的能量消耗越来越小，这是因为发送服务请求的能量消耗远远小于移动设备本地执行的 CPU 能量消耗。而且，传输功率越大，消耗的能量越多，因为传输功率和能量消耗有直接的关系。

在图 4-3 中，研究了在不同的发送功率值（$P_i = 7.0$ W，$P_i = 15$ W，$P_i = 22$ W）下卸载概率对执行时延的影响。从图中曲线的变化趋势可以看出，移动设备的执行时延随着卸载概率的增大而增大。移动设备将服务请求卸载后，执行时延包括设备无线端口的发送时间、信道的传输时间、在雾服务器的等待时间、雾服务器的处理时间、雾服务器到远程云的传输时间、远程云的处理时间以及执行结果传送时间等。而且在同一卸载概率，发送功率越大，执行时延越短，因为较大的发送功率缩短了数据在信道传输的时间。

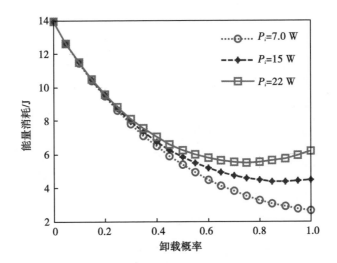

图 4-2　卸载概率与能量消耗的关系

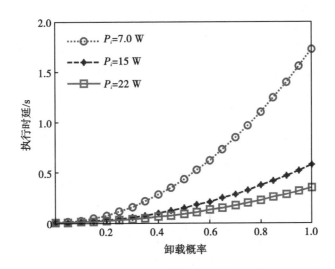

图 4-3　卸载概率与执行时延的关系

　　在图 4-4 中，研究了在不同卸载概率值（$p_i^F = 0.6$，$p_i^F = 0.4$，$p_i^F = 0.2$）下，发送功率和执行时延的关系。发送功率对时延的影响主要集中在香农公式中，可以得出，发送功率越大，上行传输速率越大，在信道的传输时间越短，从而使执行时延越来越小。同时，当发送功率相同时，卸载概率越大，越多的服务请求被卸载到雾服务器，从而执行时延也较大。

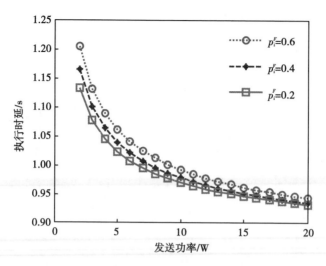

图4-4　发送功率和执行时延的关系

基于 IPM 求解 E&D&P 的过程，可以求出各个移动设备在服务请求到达速率和权重系数确定时的最优卸载概率和最优发送功率。表4-3给出了移动设备 $i(i=1, 2, 3)$ 在服务请求到达速率分别为 1.4 MIPS，1.3 MIPS，1.6 MIPS 时，在不同权重系数下的最优发送功率和最优卸载概率。可以看出，当能量消耗的权重较大时，发送功率较小而卸载概率较大；当执行时延的权重较大时，发送功率较大，而卸载概率较小。

表4-3　在不同权重下的最优发送功率和最优卸载概率

权重系数	移动设备1	移动设备2	移动设备3
(0.6, 0.2, 0.2)	(11.4533, 0.8817)	(10.4731, 0.8632)	(10.4680, 0.9237)
(0.2, 0.7, 0.1)	(15.0433, 0.5499)	(11.5344, 0.5354)	(11.5278, 0.5774)
(0.1, 0.2, 0.7)	(13.7332, 0.6246)	(11.1569, 0.5938)	(11.1201, 0.6439)

图4-5研究了不同卸载概率值（$p_i^F = 0.3$，$p_i^F = 0.5$，$p_i^F = 0.7$）下移动设备的最大发送功率对能量消耗的影响。从图4-5中的3条曲线中可以看到，在一定范围内（0~12 W），随着最大发送功率的增大，移动设备的能量消耗也增大，因为随着限定的最大发送功率增大，移动设备选择的最优发送功率也将变大，导致移动设备的能量消耗增大。接下来，随着最大发送功率的进一步增大（大于12 W），由 IPM 选定的最优发送功率不再受最大发送功率的影响，此时移动设

备的最大发送功率变为限制条件, 移动设备的性能达到最优。此时, 在卸载概率固定时, 移动设备的能量消耗基本保持不变。

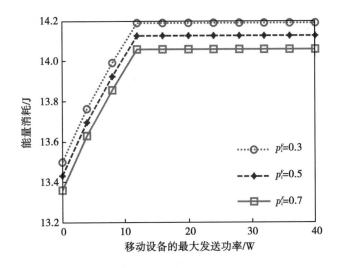

图 4-5　移动设备的最大发送功率和能量消耗的关系

图 4-6 研究了移动设备的数量对 E&D&P 的影响。从图 4-6 (a) (b) (c) 可以发现, 随着系统中移动设备数量的增加, 移动设备的能量消耗和执行时延都会增加, 但是价格花费会减少。这是因为随着设备数量的增加, 会产生越来越多的卸载服务请求, 竞争雾服务器的有限资源, 移动设备不得不增大发送功率或在本地执行更多的服务请求, 这都会增加移动设备的能量消耗。随着卸载的服务请求越来越多, 其在信道产生的干扰越来越大, 从而使服务请求的传输时延增大。服务请求在雾服务器的等待时间和服务时间也将越来越长, 或越来越多的服务请求在远程云服务器中执行, 均会使执行时延增加。当越来越多的服务请求在本地执行时, 移动设备的价格花费就会减少。

在图 4-7 中, 在不同的卸载概率值下 (p_i^F = 0.3, 0.5, 0.7, 0.9) , 研究了发送功率和 E&D&P 的消耗总和之间的关系。可以发现, 在一定区间内, 随着发送功率的增大, E&D&P 的消耗总和不断减小, 这是因为不断增大的发送功率缩短了时延, 此时增大的能量消耗小于减少的执行时延, 从而使 E&D&P 的消耗总和减少; 在最优发送功率处 (分别为 10.0, 12.0, 13.0, 13.2) , E&D&P 的消耗总和达到最小, 随着发送功率的增大而增大, 这是因为较大的发送功率增加了能量消耗, 而时延减小的幅度较小。此外, 可以得出, 卸载概率越小, 最优发送功率也越小, 这是由于卸载的服务请求较少, 所需要的发送功率也较小。

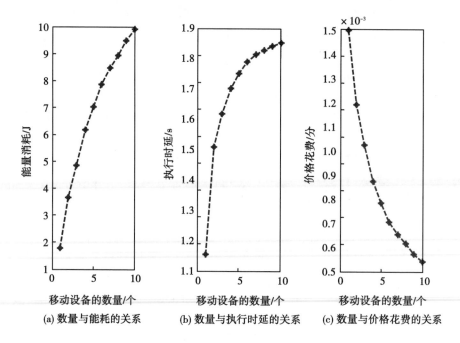

(a) 数量与能耗的关系　(b) 数量与执行时延的关系　(c) 数量与价格花费的关系

图 4-6　移动设备的数量和 E&D&P 的关系

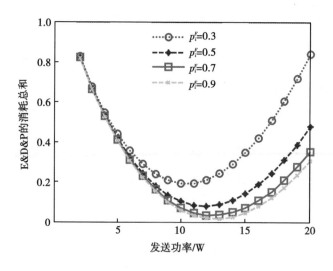

图 4-7　发送功率和 E&D&P 消耗总和的关系

在图 4-8 中，对发送功率确定只优化卸载概率、卸载概率确定只优化发送功率和发送功率和卸载概率同时被优化这三种情形进行了对比分析。可以发现，随着移动设备数量的增加，E&D&P 的消耗总和都会不断增大。但当只优化其中一个指标时，系统的 E&D&P 消耗总和并不能达到最优(最小)，综合优化卸载概率和发送功率，系统才能具备更好的性能。

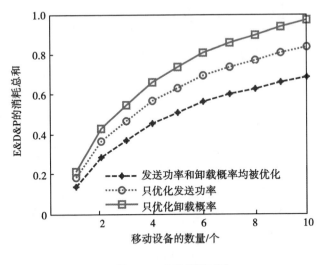

图 4-8　三种情形对比

◆◇ 4.5　本章小结

本章研究了多用户在有雾服务器接入时的计算卸载问题，通过综合优化移动设备的卸载概率和发送功率，使其 E&D&P 达到最优。在研究过程中，对雾服务器的最大接收速率和全部服务请求到达速率总和进行了比较和分情况处理。在对移动设备、雾服务器、远程云进行时延模拟时引入排队模型，提出了一个 E&D&P 的多目标优化问题，进而转化为一个单目标优化问题，最后基于 IPM 求解了各个移动设备的最优卸载概率和发送功率。仿真实验展示了部分变量之间的关系，验证了算法的有效性。

第5章 基于 GNEP 的多用户动态计算卸载策略的研究

◆◇ 5.1 引言

近年来，智能移动设备的 CPU 的运行速度、无线传输速度、内存大小等参数经历了指数式的增长，采用高性能的芯片及大屏幕导致其能量消耗越来越大，对电池容量的需求也越来越大，但是单纯地增加电池容量面临着移动设备的体积增大问题，此外，质量和成本也是一个必须要考虑的问题。因此，有限的电池容量限制了智能移动设备的进一步发展。能量收集技术[81-84]作为一种绿色、可持续的供电方式受到了研究人员越来越多的关注。能量收集是一种将环境周围分布式的能量进行收集并转化为电能进行存储、可实现自身供能的技术。其中，可收集的分布式的能量有太阳能、风能、振动、电磁波等多种方式。能量收集技术从外界环境中收集能量，为智能移动设备的电池进行充电，这为其电池容量有限的问题提供了可行的解决方案，并且这些能量是无穷无尽、无处不在的，智能移动设备可以随时随地补充能量，用于满足需要。[85-86]本章研究的系统里所有的智能移动设备均具有能量收集功能。

此外，本章将社交关系[87-89]的思想加入到多用户计算卸载的过程中。社交关系于 1954 年由 J.A.Barnes 最先提出，包括社交与关系网络两部分。在网络社交的过程中，各个用户在资源丰富的互联网上产生复杂的行为关系，从而渐渐构成了丰富的社交关系网络，社交关系也逐步产生。随着互联网技术和智能移动设备的迅猛发展，人们在网络中的行为越来越丰富，用户与用户之间、用户与其他设备之间的联系也越来越复杂，因此社交关系也变得越来越强大。社交关系已经将众多的用户都联系起来，形成了一个不可忽略的社交整体。社交关系与用户的生活息息相关，因此社交圈里的用户在制定自己的策略时，也会将与其有社交关系的其他用户的策略考虑进去，即考虑社交群整体的利益。因此，在社交关系的影响下，一个全新的互利共赢的模式正在逐步形成。移动设备间的社交关系可以利用近距离通信技术获得，如 D2D 通信、Wi-FiDirect 等。Wi-FiDirect 是无须通过无线路由器、无线网络中的设备即可相互连接的一种技术，与蓝牙技术相似，但在传输距离和传输速度方面比蓝牙技术有大幅度的改善。

　　本章将研究具有社交关系和能量收集技术的多用户动态卸载问题。在研究过程中，将研究的时间段划分为无数个小时隙，即将整体问题变成一系列的子问题。因为考虑的时隙长度足够短，在每个时隙里，信道状态不会发生明显变化，因此，每个小时隙里的计算卸载为静态卸载。在时隙初始时刻，制定移动设备的执行决策。本章同样采用排队论对服务请求在移动设备、雾服务器、远程云服务器的执行情况进行模拟，将移动设备端任务执行过程看作 $M/M/1$ 队列，微云端任务执行过程看作 $M/G/1$ 队列，远程云端任务执行过程看作 $M/M/\infty$ 队列，如此可以准确得出服务请求在移动设备端、雾服务器、远程云服务器的执行时延。通过对卸载过程进行数学模拟，构造一个与移动设备群相关的目标优化问题，同时该问题为一个 GNEP，通过指数型惩罚函数的方法惩罚耦合约束，从而将原问题转化为一个较为简单的传统 NEP，进一步地把惩罚 NEP 的 KKT 条件转化为一个非光滑方程系统，然后利用半光滑牛顿法求解此系统。仿真实验分析了算法的有效性，最后得出了结论。

◆◇ 5.2　具有社交关系和能量收集的多用户动态计算卸载模型

　　如图 5-1 所示的系统模型中，包括若干个具有社交关系和能量收集功能的移动设备端、雾服务器以及远程云服务器。移动设备中包含 CPU、服务请求缓存器和无线接口等，且研究的所有移动设备均具有能量收集的功能，收集的能量将储存在电池中，用于执行或者发送服务请求，并且能量的收集是不间断的。移动设备通过基站连接雾服务器，雾服务器为用户终端提供近距离的资源，可以有效地减少用户终端的能量消耗，但雾服务器的资源有限。本章将研究一段时间内的动态计算卸载问题，假设时间按时隙划分，每个小时隙的长度为 τ，故研究的时间段可以用时隙集表示，时隙集合为 $\mathbf{T} = \{0, 1, \cdots, t, \cdots, T-1\}$。

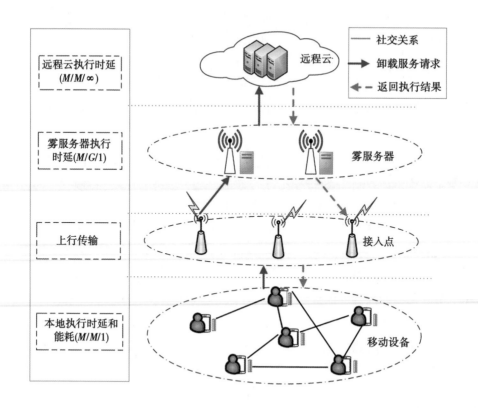

图5-1 具有社交关系和能量收集的多用户动态计算卸载模型

系统中所有的移动设备表示为 $\mathbf{N} = \{1, 2, \cdots, N\}$。假设移动设备 $i(i \in \mathbf{N})$，在每个时隙产生的服务请求均服从泊松分布。假设在时隙 t，产生的服务请求的平均速率为 $\lambda_{i,t}$，服务请求间相互独立。仍把移动设备端 CPU 执行未卸载的任务执行过程看作 $M/M/1$ 队列。移动设备产生的服务请求均可在本地或者云端执行。但是，有时因移动设备端电池能量不足或其他原因，不得不丢弃一些服务请求。在时隙 t 的初始时刻，产生的服务请求按照一定的决策概率被分配处理。在时隙 t 的初始时刻，制定的执行策略包括四部分：在本地服务器上执行的概率设为 $p_{i,t}^{M}$，卸载到雾服务器执行的概率为 $p_{i,t}^{F}$，卸载到远程云服务器执行的概率为 $p_{i,t}^{C}$，因能量不足或无线信道衰落等原因被丢弃的概率为 $p_{i,t}^{D}$，且满足 $p_{i,t}^{M} + p_{i,t}^{F} + p_{i,t}^{C} + p_{i,t}^{D} = 1$。各个移动设备端竞争雾服务器中的资源，以期降低自身的执行花费。所有的移动设备从云控制器端获得云资源信息，并根据这些信息做出决策。本章将使用博弈论来模拟各个移动设备端的互动，直到其达到一个稳定的状态，即纳什均衡。

本章将研究移动设备间存在的社交关系。在模型图 5-1 中，用连线表示移动设备间的社交关系。用 $e_{i,j}^s$ 表示移动设备 i 和移动设备 j 之间存在社交关系的系数，取值 $\{0,1\}$。若 $e_{i,j}^s=1$，则代表移动设备 i 和移动设备 j 之间存在社交关系；若 $e_{i,j}^s=0$，则代表移动设备 i 和移动设备 j 之间不存在社交关系。在移动设备 i 和移动设备 j 之间存在社交关系的前提下，再用 s_{ij} 表示两个移动用户的亲密程度，且有 $s_{ij}\in(0,1)$。s_{ij} 的值越大，表示两个移动用户间的社交关系越亲密；反之，s_{ij} 的值越小，表示两个移动设备间的社交关系越疏远。将与移动设备 i 有社交关系的移动设备集合表示为 $N_i^s \triangleq \{j\in \mathbf{N}\mid e_{ij}^s=1\}$。因为有社交关系的存在，移动设备在制定策略时，不仅考虑自己的策略，也会将与之有社交关系的移动设备群的策略考虑进去，使得设计执行卸载策略变得更加复杂。

◆◇ 5.3　移动设备群平均执行花费问题的构建

5.3.1　移动设备本地执行和上行传输过程

假设移动设备 i 的 CPU 执行速率为 u_i^M，在时隙 t，移动设备 i 的 CPU 占用率为 $l_{i,t}^M$，满足 $0\leq l_{i,t}^M<1$。根据 $M/M/1$ 队列理论，可以得到在时隙 t，移动设备 i 本地处理服务请求的平均响应时间 $T_{i,t}^M(p_{i,t}^M)$，如式（5-1）所示。

$$T_{i,t}^M(p_{i,t}^M)=\frac{1}{u_i^M(1-l_{i,t}^M)-\lambda_{i,t}p_{i,t}^M} \tag{5-1}$$

假设移动设备 i 处理 1 bit 的数据需要的 CPU 周期（CPU cycle）为 x_i，CPU 周期即主频的倒数，是处理操作的最基本的单位。每个 CPU 周期的能量消耗为 k_i，则处理 1 bit 的数据的能量消耗为 x_ik_i。参数 x_i，k_i 均和移动设备端本身系统性能有关。那么在时隙 t，移动设备 i 本地 CPU 执行未卸载的服务请求，产生的能量消耗 $E_{i,t}^M(p_{i,t}^M)$，如式（5-2）所示。

$$E_{i,t}^M(p_{i,t}^M)=x_ik_ip_{i,t}^M\lambda_{i,t}\tau\theta_i \tag{5-2}$$

式中：θ_i——移动设备 i 的每个服务请求中包含的数据量大小，单位为 bit。

在时隙 t，移动设备 i 通过基站向雾服务器发送数据。根据香农公式，考虑系统中其他设备产生的干扰和噪声干扰，结合信道增益，可以求得移动设备 i 的上行传输速率 $R_{i,t}$，如式（5-3）所示。其中，$\sum\limits_{j \in \mathbf{N}, j \neq i} q_{j,t} g_{j,t}^{BS}$ 为系统中其他移动设备产生的干扰噪声功率。

$$R_{i,t} = W \log_2 \left(1 + \frac{q_{i,t} g_{i,t}^{BS}}{\omega_{i,t} + \sum\limits_{j \in \mathbf{N}, j \neq i} q_{j,t} g_{j,t}^{BS}} \right) \tag{5-3}$$

式中：W——信道带宽；

$\quad\quad q_{i,t}$——移动设备 i 在时隙 t 的发送功率，且满足 $0 < q_{i,t} < q_{i,\max}$，其中 $q_{i,\max}$ 为移动设备 i 的最大发送功率；

$\quad\quad g_{i,t}^{BS}$——移动设备 i 在时隙 t 的信道增益；

$\quad\quad \omega_{i,t}$——移动设备 i 在时隙 t 的噪声功率。

根据上行传输速率 $R_{i,t}$，可以求得在时隙 t 移动设备 i 将卸载的服务请求发送到基站的传输时间 $T_{i,t}^{UP}(p_{i,t}^{F}, p_{i,t}^{C})$，如式（5-4）所示。

$$T_{i,t}^{UP}(p_{i,t}^{F}, p_{i,t}^{C}) = \frac{(p_{i,t}^{F} + p_{i,t}^{C}) \lambda_{i,t} \tau \theta_i}{R_{i,t}} = \frac{(p_{i,t}^{F} + p_{i,t}^{C}) \lambda_{i,t} \tau \theta_i}{W \log_2 \left(1 + \frac{q_{i,t} g_{i,t}^{BS}}{\omega_{i,t} + \sum\limits_{j \in \mathbf{N}, j \neq i} q_{j,t} g_{j,t}^{BS}} \right)}$$

$$\tag{5-4}$$

式中：$(p_{i,t}^{F} + p_{i,t}^{C}) \lambda_{i,t} \tau \theta_i$——卸载的服务请求中包含的数据量。

在时隙 t，移动设备 i 传输卸载的服务请求，产生的能量消耗为 $E_{i,t}^{UP}(p_{i,t}^{F}, p_{i,t}^{C})$，如式（5-5）所示。

$$E_{i,t}^{UP}(p_{i,t}^{F}, p_{i,t}^{C}) = q_{i,t} T_{i,t}^{UP}(p_{i,t}^{F}, p_{i,t}^{C}) = \frac{q_{i,t}(p_{i,t}^{F} + p_{i,t}^{C}) \lambda_{i,t} \tau \theta_i}{W \log_2 \left(1 + \frac{q_{i,t} g_{i,t}^{BS}}{\omega_{i,t} + \sum\limits_{j \in \mathbf{N}, j \neq i} q_{j,t} g_{j,t}^{BS}} \right)}$$

$$\tag{5-5}$$

5.3.2　云服务器执行过程

雾服务器位于基站的边缘，并且和基站通过足够带宽的有线连接，所以服务请求从基站到雾服务器的传输时间基本可以忽略。假设雾服务器中仅含一台大型处理器，处理器的服务速率为 u^F，对任意服务请求服务时间 V 的分布是一般的且满足 $E(V)=1/u^F$，$D(V)=\sigma^2=0$。

在时隙 t，根据泊松分布的性质，各个移动设备端卸载的服务请求汇聚在一起也服从泊松分布，且平均速率为 $\lambda_{\text{total},\,t}$，如式(5-6)所示。

$$\lambda_{\text{total},\,t} = \sum_{i=1}^{N} p_{i,\,t}^{F} \lambda_{i,\,t} \tag{5-6}$$

根据如上假设，可以把雾服务器任务执行过程看作 $M/G/1$ 队列。假设在时隙 t，雾服务器的 CPU 占用率为 $l_t^F(0 \leqslant l_t^F < 1)$。根据 $M/G/1$ 队列理论[90-92]，可以得出服务请求在雾服务器的平均停留时间 $T_{F,\,t}(p_{i,\,t}^F)$，如式(5-7)所示。

$$T_{F,\,t}(p_{i,\,t}^{F}) = \frac{2u^F(1-l_t^F) - \left(\displaystyle\sum_{i=1}^{N}\lambda_{i,\,t}p_{i,\,t}^{F}\right)}{2u^F(1-l_t^F)\left\{u^F(1-l_t^F) - \left(\displaystyle\sum_{i=1}^{N}\lambda_{i,\,t}p_{i,\,t}^{F}\right)\right\}} \tag{5-7}$$

当服务请求在雾服务器上执行完成，执行结果会通过一定方式返回移动设备端。同样，移动设备端接收执行结果所耗费的能量和时延也将忽略不计。

假设服务请求从雾服务器传输到远程云服务器，会产生一个固定的时延 T_{FC}。远程云中有充足的服务器去执行这些服务请求，所以服务请求在远程云中的等待时间可以基本忽略不计。在时隙 t，到达远程云服务器的服务请求服从泊松分布，且平均速率为 $\sum_{i=1}^{N} p_{i,\,t}^{C} \lambda_{i,\,t}$。远程云的各个服务器间相互独立，则服务请求在远程云的队列被模拟为 $M/M/\infty$ 队列。远程云服务器的服务速度为 $u^c(u^c \gg u^F)$，则服务请求在远程云的平均停留时间 $T_{C,\,t}(p_{i,\,t}^C)$，如式(5-8)所示。

$$T_{C,\,t}(p_{i,\,t}^{C}) = \frac{1}{u^c} \tag{5-8}$$

当服务请求在远程云服务器上执行完成时，执行结果会先返回基站，再由基站返回移动设备端。同样地，移动设备端接收执行结果所耗费的能量和产生的时延也将忽略不计。

5.3.3 移动设备能量收集过程

假设所有的移动设备端都具有能量收集的功能。能量收集过程是以能量包的形式来体现的。假设在各个时隙里能量包的到达过程也服从泊松分布，平均到达量为 $e_{i,t}$，且满足 $0<e_{i,t}\leqslant e_{i,\max}$，其中 $e_{i,\max}$ 为最大的能量到达量，且在不同的时隙里，该值可能互不相同。这些能量包将被收集起来，储存在电池中。收集的能量将被用于本地任务执行或发送端口卸载。用 $B_{i,t}$ 代表时隙 t 初始时刻电池的能量，一般说来，$B_{i,t}<\infty$，$\forall t\in\mathbf{T}$，并且假定在时隙 0 时，$B_{i,0}=0$，$\forall i\in\mathbf{N}$。

总体来说，在时隙 t，移动设备 i 的能量消耗 $E_{i,t}(p_{i,t}^{M}, p_{i,t}^{F}, p_{i,t}^{C})$ 包括两部分：第一部分是本地执行时 CPU 的能量消耗 $E_{i,t}^{M}(p_{i,t}^{M})$；第二部分是发送服务请求到云服务器时的能量消耗 $E_{i,t}^{UP}(p_{i,t}^{F}, p_{i,t}^{C})$，如式（5-9）所示。

$$
\begin{aligned}
&E_{i,t}(p_{i,t}^{M}, p_{i,t}^{F}, p_{i,t}^{C}) \\
&= E_{i,t}^{M}(p_{i,t}^{M}) + E_{i,t}^{UP}(p_{i,t}^{F}, p_{i,t}^{C}) \\
&= x_{i}k_{i}p_{i,t}^{M}\lambda_{i,t}\tau\theta_{i} + \frac{q_{i,t}(p_{i,t}^{F}+p_{i,t}^{C})\lambda_{i,t}\tau\theta_{i}}{W\log_{2}\left(1+\dfrac{q_{i,t}g_{i,t}^{BS}}{\omega_{i,t}+\sum\limits_{j\in\mathbf{N},j\neq i}q_{j,t}g_{j,t}^{BS}}\right)}
\end{aligned}
\tag{5-9}
$$

在时隙 t，移动设备 i 消耗的能量应不大于时隙初始时刻移动设备电池的总能量，如式（5-10）所示。

$$
E_{i,t}\leqslant B_{i,t}, \quad \forall t\in\mathbf{T}
\tag{5-10}
$$

电池的总能量在相邻时隙的方程更新值函数，如式（5-11）所示。

$$
B_{i,t+1}=B_{i,t}-E_{i,t}+e_{i,t}, \quad \forall t\in\mathbf{T}
\tag{5-11}
$$

通过分析可知，移动设备在时隙 $t+1$ 初始时刻的能量来源于时隙 t 剩余的能量（$B_{i,t}-E_{i,t}$）和收集的能量 $e_{i,t}$。由此可以发现，当移动设备具有能量收集功能时，相较于一般给电池充电供应能量的移动设备来说，在制定计算卸载策略时会更加复杂。因为不同的卸载策略会导致不同的能量消耗，这会使得电池中的能量在不同时隙间是耦合的。如何消除耦合条件式（5-11）成为解决问题的关键。

5.3.4　移动设备群平均执行花费问题的详述

本章将系统所有移动设备的平均执行花费作为待优化的目标函数。其中，执行花费定义为移动设备的平均执行时延和丢弃惩罚的权重和[93-94]。

在时隙 t，将移动设备 i 的平均执行时延表示为 $T_{i,t}(\boldsymbol{p}_{i,t}, \boldsymbol{p}_{i,t}^{-})$，如式（5-12）所示。

$$
\begin{aligned}
&T_{i,t}(\boldsymbol{p}_{i,t}, \boldsymbol{p}_{i,t}^{-})\\
&= p_{i,t}^{M} T_{i,t}^{M}(p_{i,t}^{M}) + (p_{i,t}^{F} + p_{i,t}^{C}) T_{i,t}^{UP}(p_{i,t}^{F}, p_{i,t}^{C}) + p_{i,t}^{F} T_{F,t}(\boldsymbol{p}_{i,t}, \boldsymbol{p}_{i,t}^{-}) + p_{i,t}^{C} T_{C,t}(p_{i,t}^{C})\\
&= \frac{p_{i,t}^{M}}{u_{i}^{M}(1 - l_{i,t}^{M}) - \lambda_{i,t} p_{i,t}^{M}} + \frac{(p_{i,t}^{F} + p_{i,t}^{C})^{2} \lambda_{i,t} \theta_{i} \tau}{W \log_{2}\left(1 + \dfrac{q_{i,t} g_{i,t}^{BS}}{\omega_{i,t} + \sum\limits_{j \in \mathbf{N}, j \neq i} q_{j,t} g_{j,t}^{BS}}\right)} +\\
&p_{i,t}^{F} \frac{2u^{F}(1 - l_{t}^{F}) - \left(\sum\limits_{i=1}^{N} \lambda_{i,t} p_{i,t}^{F}\right)}{2u^{F}(1 - l_{t}^{F})\left\{u^{F}(1 - l_{t}^{F}) - \left(\sum\limits_{i=1}^{N} \lambda_{i,t} p_{i,t}^{F}\right)\right\}} + p_{i,t}^{C}\left(T_{FC} + \frac{1}{u^{C}}\right)
\end{aligned}
$$

$$(5-12)$$

式中：$\boldsymbol{p}_{i,t}$——移动设备 i 在时隙 t 的策略向量，表示为 $\boldsymbol{p}_{i,t} = (p_{i,t}^{M}, p_{i,t}^{F}, p_{i,t}^{C}, p_{i,t}^{D})$；

$\quad\quad \boldsymbol{p}_{i,t}^{-}$——系统中除去移动设备 i，其他所有 $(N-1)$ 个移动设备在时隙 t 的策略向量，表示为 $\boldsymbol{p}_{i,t}^{-} = (\cdots, p_{i-1}^{M}, p_{i-1}^{F}, p_{i-1}^{C}, p_{i-1}^{D}, p_{i+1}^{M}, p_{i+1}^{F}, p_{i+1}^{C}, p_{i+1}^{D}, \cdots)$。

此外，因为移动设备端的能量不足，或者无线信道大尺度衰落无法发送服务请求等，一些服务请求不能在本地处理器或者雾/云服务器上顺利执行，移动设备端不得不舍弃这些服务请求。对于每一个被舍弃的服务请求，给予移动设备 i 的惩罚为 u_{i}，则移动设备 i 在时隙 t 的惩罚花费 $C_{i,t}(p_{i,t}^{D})$，如式（5-13）所示。

$$C_{i,t}(p^D_{i,t}) = u_i p^D_{i,t} \lambda_{i,t} \tau \qquad (5-13)$$

因此，在时隙 t 移动设备 i 的执行花费 $EC_{i,t}(\boldsymbol{p}_{i,t}, \boldsymbol{p}^-_{i,t})$，即执行时延 $T_{i,t}(\boldsymbol{p}_{i,t}, \boldsymbol{p}^-_{i,t})$ 和惩罚花费 $C_{i,t}(p^D_{i,t})$ 的权重和，如式(5-14)所示。

$$
\begin{aligned}
& EC_{i,t}(\boldsymbol{p}_{i,t}, \boldsymbol{p}^-_{i,t}) \\
& = T_{i,t}(\boldsymbol{p}_{i,t}, \boldsymbol{p}^-_{i,t}) + \bar{\alpha} C_{i,t}(p^D_{i,t}) \\
& = \frac{p^M_{i,t}}{u^M_i(1 - l^M_{i,t}) - \lambda_{i,t} p^M_{i,t}} + \frac{(p^F_{i,t} + p^C_{i,t})^2 \lambda_{i,t} \theta_i \tau}{W \log_2\left(1 + \dfrac{q_{i,t} g^{BS}_{i,t}}{\omega_{i,t} + \sum\limits_{j \in \mathbf{N}, j \neq i} q_{j,t} g^{BS}_{j,t}}\right)} + \bar{\alpha} \mu_i p^D_{i,t} \lambda_{i,t} \tau +
\end{aligned}
$$

$$
p^F_{i,t} \frac{2u^F(1 - l^F_t) - \left(\sum\limits_{i=1}^N \lambda_{i,t} p^F_{i,t}\right)}{2u^F(1 - l^F_t)\left\{u^F(1 - l^F_t) - \left(\sum\limits_{i=1}^N \lambda_{i,t} p^F_{i,t}\right)\right\}} + p^C_{i,t}\left(T_{FC} + \frac{1}{u^C}\right) \qquad (5-14)
$$

式中：$\bar{\alpha}$——惩罚花费的权重系数，为一固定的常数。

因为移动设备间存在社交关系，移动设备端在决定策略向量时，也会将与其有社交关系的移动设备集的策略考虑进去，移动设备 i 制定其在时隙 t 时的策略 $\boldsymbol{p}_{i,t} = (p^M_{i,t}, p^F_{i,t}, p^C_{i,t}, p^D_{i,t})$，使得它的社交关系群的执行花费 $SEC_{i,t}(\boldsymbol{p}_{i,t}, \boldsymbol{p}^-_{i,t})$ 最小，式(5-15)所示。

$$SEC_{i,t}(\boldsymbol{p}_{i,t}, \boldsymbol{p}^-_{i,t}) = EC_{i,t}(\boldsymbol{p}_{i,t}, \boldsymbol{p}^-_{i,t}) + \sum_{j \in N^S_i} s_{ij} EC_{j,t}(\boldsymbol{p}_{j,t}, \boldsymbol{p}^-_{j,t}) \qquad (5-15)$$

则与移动设备 i 相关的社交关系群在 T 个时隙的平均执行花费 $MSEC_i(\boldsymbol{p}_i, \boldsymbol{p}^-_i)$，如式(5-16)所示。

$$MSEC_i(\boldsymbol{p}_i, \boldsymbol{p}^-_i) = \frac{1}{T} \sum_{t=0}^{T-1} SEC_{i,t}(\boldsymbol{p}_{i,t}, \boldsymbol{p}^-_{i,t}) \qquad (5-16)$$

式中：$\boldsymbol{p}_i$——移动设备 i 在 T 个时隙内的策略向量，表示为 $\boldsymbol{p}_i = (\boldsymbol{p}_{i,0}, \cdots, \boldsymbol{p}_{i,t}, \cdots, \boldsymbol{p}_{i,T-1})$；

p_i^-——除去移动设备 i，系统中其他所有移动设备在 T 个时隙内的策略向量，表示为 $p_i^- = (\cdots, p_{i-1,0}, p_{i-1,1}, \cdots, p_{i-1,T-1}, p_{i+1,0}, p_{i+1,1}, \cdots, p_{i+1,T-1}, \cdots)$，它的维度为 $4 \times (i-1) \times T$。

通过综合分析，建立了与移动设备 i 相关的社交关系群的平均执行花费最小的优化问题，如式(5-17)所示。

$$\min_{p_i} \quad MSEC_i(p_i, p_i^-) \tag{5-17}$$

满足的约束条件如式(5-18)至式(5-23)所示。

$$\sum_{i=1}^{N} p_{i,t}^F \lambda_{i,t} - cu^F(1 - l_t^F) < 0 \tag{5-18}$$

$$\lambda_{i,t} p_{i,t}^M - u_i^M(1 - l_{i,t}^M) < 0 \tag{5-19}$$

$$p_{i,t}^M + p_{i,t}^F + p_{i,t}^C + p_{i,t}^D = 1,\ 0 \leqslant p_{i,t}^M,\ p_{i,t}^F,\ p_{i,t}^C,\ p_{i,t}^D \leqslant 1 \tag{5-20}$$

$$k_i x_i p_{i,t}^M \lambda_{i,t} \theta_i \tau + \frac{q_{i,t}(p_{i,t}^F + p_{i,t}^C)\lambda_{i,t}\theta_i\tau}{W \log_2\left(1 + \dfrac{q_{i,t} g_{i,t}^{BS}}{\omega_{i,t} + \sum\limits_{j \in \mathbf{N},\, j \neq i} q_{j,t} g_{j,t}^{BS}}\right)} \leqslant B_{i,t} \tag{5-21}$$

$$B_{i,t+1} = B_{i,t} - E_{i,t} + e_{i,t} \tag{5-22}$$

$$i \in \mathbf{N},\ t \in \mathbf{T} \tag{5-23}$$

对于约束条件式(5-21)和式(5-22)这样的耦合约束，在每个时隙 t，引入一个非负的最低能量限制 $E_{i,t}^{\min}$ 和一个最高的能量限制 $E_{i,t}^{\max}$，如此处理，耦合条件会被消除，然后约束条件式(5-21)和式(5-22)转变为式(5-24)。

$$E_{i,t} \in \{0\} \cup [E_{i,t}^{\min}, E_{i,t}^{\max}] \tag{5-24}$$

所以，将与移动设备 i 相关的社交关系群的平均执行花费最小的问题进行归纳，得到如下优化问题。

$$\min_{p_i} \quad MSEC_i(\boldsymbol{p}_i, \boldsymbol{p}_i^-)$$

满足的优化条件如式(5-18)至式(5-20)、式(5-23)、式(5-24)所示。

◆◇ 5.4 基于半光滑牛顿算法求解构造的 GNEP

5.4.1 对 GNEP 的验证和转化

接下来,将利用博弈论来求解上述优化问题。博弈论是这样一种数学理论:研究的参与者具有斗争或者竞争现象,在研究过程中充分考虑游戏中个体的预测行为和实际行为,并分析它们的优化策略。纳什均衡是这样一种博弈结果:每个参与人所做出选择都是对其他参与人做出的选择的最佳反应。在一组策略组合中,当其他人不改变策略时,此时的策略是最好的,且所有的参与者都面临这一情况。每一个理性的参与者在纳什均衡点上都不会单独改变策略。

随着生活中的实际问题越来越复杂,传统的 NEP 很难解决一些经济学的实际问题,于是 GNEP 应运而生。GNEP 是标准的 NEP 的推广。GNEP 能模拟更深层、更复杂的因素。较 NEP 来说更适合于描述实际生活中的竞争市场。在 GNEP 中,每个参与人的目标函数和策略集都依赖于其他竞争者的策略;在传统的 NEP 中,每个参与人的策略不依赖于其他竞争者,只有目标函数值依赖于其他参与者。

在构造的问题中,从约束条件式(5-18)中不难发现,该约束条件包含其他移动设备的雾服务器执行变量,故所有移动设备端的决策是相互影响的,所以构造的优化问题为 GNEP。求解 GNEP 的数值方法,因问题、背景以及目标的不同而有所差异。在本节中,将采用惩罚函数的方法求解。首先引入下面的引理。

引理 5-1 本节所提出的 GNEP 是一个共享凸约束的 GNEP。

证明:首先,证明目标函数 $MSEC_i(\boldsymbol{p}_i, \boldsymbol{p}_i^-)$ 是凸函数。

对目标函数 $MSEC_i(\boldsymbol{p}_i, \boldsymbol{p}_i^-)$ 各变量 $\{p_{i,t}^M, p_{i,t}^F, p_{i,t}^C, p_{i,t}^D\}$ 进行二次求导,可以得到:

$$\frac{\partial MSEC_i(\boldsymbol{p}_i, \boldsymbol{p}_i^-)}{\partial p_{i,t}^M} = \frac{\partial\{p_{i,t}^M / [u_i^M(1-l_{i,t}^M) - \lambda_{i,t} p_{i,t}^M]\}}{\partial p_{i,t}^M} = \frac{u_i^M(1-l_{i,t}^M)}{[u_i^M(1-l_{i,t}^M) - \lambda_{i,t} p_{i,t}^M]^2}$$

$$\frac{\partial^2 MSEC_i(\boldsymbol{p}_i, \boldsymbol{p}_i^-)}{\partial(p_{i,t}^M)^2} = \frac{2\lambda_{i,t}u_i^M(1-l_{i,t}^M)}{[u_i^M(1-l_{i,t}^M)-\lambda_{i,t}p_{i,t}^M]^3} > 0$$

$$\frac{\partial MSEC_i(\boldsymbol{p}_i, \boldsymbol{p}_i^-)}{\partial p_{i,t}^F} \approx \frac{2(p_{i,t}^F+p_{i,t}^C)}{Wv_{i,t}} + 1$$

$$\frac{\partial^2 MSEC_i(\boldsymbol{p}_i, \boldsymbol{p}_i^-)}{\partial(p_{i,t}^F)^2} = \frac{2}{Wv_{i,t}} > 0$$

$$\frac{\partial MSEC_i(\boldsymbol{p}_i, \boldsymbol{p}_i^-)}{\partial p_{i,t}^C} = T_{FC} + \frac{1}{u^C}, \quad \frac{\partial^2 MSEC_i(\boldsymbol{p}_i, \boldsymbol{p}_i^-)}{\partial(p_{i,t}^C)^2} = 0$$

$$\frac{\partial MSEC_i(\boldsymbol{p}_i, \boldsymbol{p}_i^-)}{\partial p_{i,t}^D} = \alpha u_i\lambda_{i,t}\tau, \quad \frac{\partial^2 MSEC_i(\boldsymbol{p}_i, \boldsymbol{p}_i^-)}{\partial(p_{i,t}^D)^2} = 0$$

经过推导，目标函数对各个优化变量的二阶导数均大于零，由此可以得到目标函数 $MSEC_i(\boldsymbol{p}_i, \boldsymbol{p}_i^-)$ 是凸函数。同时，各个约束条件均为线性函数，由此可以证明提出的 GNEP 是一个共享凸约束的 GNEP。关于 GNEP 的凸性的假设在 GNEP 的文献中是标准的假设。

毋庸置疑，求解一个经典的 NEP 要比求解一个 GNEP 容易得多。本节将利用指数型惩罚函数的方法[95-97]部分地惩罚 GNEP 里的耦合约束条件，使得求解原 GNEP 等价于求解一组传统的 NEP。

通过分析可知，约束条件式(5-18)是一个耦合约束，因为该约束条件中包含系统中其他参与者的决策变量，而其余的约束条件式(5-19)、式(5-20)、式(5-24)只和移动设备 i 的变量相关。利用指数型惩罚函数惩罚耦合约束条件式(5-18)，原始的 GNEP 可以转变为传统的 NEP，如式(5-25)所示。

$$\min_{p_i} \quad MSEC_i(\boldsymbol{p}_i, \boldsymbol{p}_i^-) + \frac{1}{\rho}\sum_{t=0}^{T-1}\exp\left[\rho\left(\sum_{i=1}^N p_{i,t}^F\lambda_{i,t} - cu^F(1-l_t^F)\right)\right]$$

$$(5-25)$$

其中约束条件如式(5-26)至式(5-29)所示。

$$\lambda_{i,t}p_{i,t}^M - u_i^M(1-l_{i,t}^M) < 0 \qquad (5-26)$$

$$k_i x_i p_{i,t}^M \lambda_{i,t} \theta_i \tau + \frac{q_{i,t}(p_{i,t}^F + p_{i,t}^C)\lambda_{i,t}\theta_i\tau}{v_{i,t}} - E_{i,t}^{\max} \leq 0 \qquad (5-27)$$

$$E_{i,t}^{\min} - k_i x_i p_{i,t}^M \lambda_{i,t} \theta_i \tau - \frac{q_{i,t}(p_{i,t}^F + p_{i,t}^C)\lambda_{i,t}\theta_i\tau}{v_{i,t}} \leq 0 \qquad (5-28)$$

$$p_{i,t}^M + p_{i,t}^F + p_{i,t}^C + p_{i,t}^D = 1 \qquad (5-29)$$

于是，对应于系统中的每个移动设备 $i=1, 2, \cdots, N$，面临的优化问题都可以表述为式(5-25)至式(5-29)形式。在文献[95]中已经证明，通过求解一组经典的惩罚 NEP 可以得到原 GNEP 的解。

5.4.2　利用半光滑牛顿算法求最优执行策略

为了表达的简洁和 KKT 条件的构造，将式(5-26)至式(5-29)这四个限制条件用 $h_{i,t}^{(k)}(\boldsymbol{p}_{i,t}) < 0 (k=1, 2, 3, 4)$ 来替代，$\sum\limits_{i=1}^{N} p_{i,t}^F \lambda_{i,t} - cu^F(1 - l_t^F)$ 用 $C(\boldsymbol{p}_i, \boldsymbol{p}_i^-)$ 来表示，则问题进行了简化，如式(5-30)、式(5-31)所示。

$$\min_{p_i} \quad MSEC_i(\boldsymbol{p}_i, \boldsymbol{p}_i^-) + \frac{1}{\rho}\sum_{t=0}^{T-1} \exp[\rho C(\boldsymbol{p}_i, \boldsymbol{p}_i^-)] \qquad (5-30)$$

满足的限制条件如式(5-31)所示。

$$h_{i,t}^{(k)}(\boldsymbol{p}_{i,t}) < 0, \ k=1, 2, 3, 4; \ t=0, 1, \cdots, T-1 \qquad (5-31)$$

式(5-30)、式(5-31)的 KKT 条件，如式(5-32)、式(5-33)所示。

$$\nabla_{p_i} MSEC_i(\boldsymbol{p}_i, \boldsymbol{p}_i^-) + \sum_{t=0}^{T-1} \exp[\rho C(\boldsymbol{p}_i, \boldsymbol{p}_i^-)] \nabla_{p_i} C(\boldsymbol{p}_i, \boldsymbol{p}_i^-) + \sum_{t=0}^{T-1}\sum_{k=1}^{4} \beta_{i,t}^{(k)} \nabla_{p_i} h_{i,t}^{(k)} = 0$$
$$(5-32)$$

$$\beta_{i,t}^{(k)} \times h_{i,t}^{(k)}(\boldsymbol{p}_{i,t}) = 0, \ \beta_{i,t}^{(k)} \geq 0; \ k=1, 2, 3, 4; \ t=0, 1, \cdots, T-1 \quad (5-33)$$

式中：$\beta_{i,t}^{(k)}$——移动设备 i 关联约束的 Lagrangian 乘子，且 $k=1, 2, 3, 4; t=0, 1, \cdots, T-1$。

将 N 个移动设备类似式(5-32)、式(5-33)形式的 KKT 条件联合起来，得到整个模型的 KKT 系统，如式(5-34)、式(5-35)所示。

$$L(\boldsymbol{p}, \boldsymbol{\beta}) = \left\{ \nabla_{p_i} MSEC_i(\boldsymbol{p}_i, \boldsymbol{p}_i^-) + \sum_{t=0}^{T-1} \exp[\rho C(\boldsymbol{p}_i, \boldsymbol{p}_i^-)] \nabla_{p_i} C(\boldsymbol{p}_i, \boldsymbol{p}_i^-) + \sum_{t=0}^{T-1} \sum_{k=1}^{4} \beta_{i,t}^{(k)} \nabla_{p_i} h_{i,t}^{(k)} \right\}_{i=1}^{N} = \boldsymbol{0} \tag{5-34}$$

$$\beta_{i,t}^{(k)} \times h_{i,t}^{(k)}(\boldsymbol{p}_{i,t}) = 0, \ \beta_{i,t}^{(k)} \geqslant 0; \ i=1, 2, \cdots, N; \ k=1, 2, 3, 4; \ t=0, 1, \cdots, T-1 \tag{5-35}$$

式中：$\boldsymbol{p}$——所有移动设备在所有时隙的策略向量，表示为 $\boldsymbol{p} = (\boldsymbol{p}_1, \boldsymbol{p}_2, \cdots, \boldsymbol{p}_i, \cdots, \boldsymbol{p}_N)$；

$\boldsymbol{\beta}$——所有移动设备端在所有时隙的 KKT 系数，表示为 $\boldsymbol{\beta} = (\beta_{i,t}^{(k)})^{\mathrm{T}}$，$k = 1, 2, 3, 4$；$i=1, 2, \cdots, N$；$t=0, 1, \cdots, T-1$。

通过文献[95]可知，构造的一组惩罚 NEP 与构造的整个模型的 KKT 系统 [式(5-34)和式(5-35)]是等价的，可以通过求解该 KKT 系统得到 NEP **P2** 的最优解，即原 GNEP 的解。因为 $L(\boldsymbol{p}, \boldsymbol{\beta})$ 是 $4 \times N \times T$ 维度的非光滑方程组，较难求解。为了求得 $\boldsymbol{p}, \boldsymbol{\beta}$，引入传统的 Fischer-Burmeister(F-B)函数，式(5-36)所示

$$\varphi(a, b) = \sqrt{a^2 + b^2} - (a+b) \tag{5-36}$$

则式(5-35)可以转化为式(5-37)。

$$\varphi(H(\boldsymbol{p}), \boldsymbol{\beta}) = \boldsymbol{0} \tag{5-37}$$

其中，有 $\varphi(H(\boldsymbol{p}), \boldsymbol{\beta}) = (\cdots, \varphi(-h_{i,t}^{(k)}, \beta_{i,t}^{(k)}), \cdots)^{\mathrm{T}}$；$k = 1, 2, 3, 4$；$i=1, \cdots, N$；$t=0, 2, \cdots, T-1$。

将式(5-34)、式(5-37)做进一步简化，可以表示为其等价的形式。式中，$\boldsymbol{\omega} = (\boldsymbol{\rho}, \boldsymbol{\beta})$，如式(5-38)所示。

$$\Phi(\boldsymbol{\omega}) = \Phi(\boldsymbol{\rho}, \boldsymbol{\beta}) = \begin{pmatrix} L(\boldsymbol{p}, \boldsymbol{\beta}) \\ \varphi(H(\boldsymbol{p}), \boldsymbol{\beta}) \end{pmatrix} = \boldsymbol{0} \tag{5-38}$$

可以发现，式(5-38)是一个非光滑的方程组。光滑函数是指在定义域内无穷阶连续可导。由于非光滑性不具有连续可微的性质，故传统的优化理论不再适用。接下来将利用半光滑牛顿法[98-101]求解 $\boldsymbol{\Phi}(\boldsymbol{\omega}) = \boldsymbol{0}$。半光滑性又称不可微分化。半光滑方法是求解非光滑问题的一类重要方法。

首先定义 $\boldsymbol{\Phi}(\omega)$ 的价值函数，如式(5-39)所示.

$$\Psi(\boldsymbol{\omega}) = \frac{1}{2}\boldsymbol{\Phi}^{\mathrm{T}}(\boldsymbol{\omega})\boldsymbol{\Phi}(\boldsymbol{\omega}) \tag{5-39}$$

接下来，具体说明基于半光滑牛顿法求解与原 GNEP 等价的模型的 KKT 系统的步骤，如算法 5-1 所示。

算法 5-1　基于半光滑牛顿法求解 GNEP 的算法

输入：N：系统中所有移动设备的数量；

　　　T：研究的系统中包含的时隙数量；

　　　$\lambda_{i,t}$：系统中移动设备 i 在时隙 t 的服务请求到达速率，$i=1, 2, \cdots, N$；$t=0, 1, \cdots, T-1$.

输出：$\boldsymbol{p}_{i,t} = (p_{i,t}^M, p_{i,t}^F, p_{i,t}^C, p_{i,t}^D)$：系统中移动设备 i 在时隙 t 的执行策略，包括四部分，其中 $i=1, 2, \cdots, N$；$t=0, 1, \cdots, T-1$.

初始化：$\boldsymbol{\omega}^0 = (\boldsymbol{\rho}^0, \boldsymbol{\beta}^0)$：系统中所有移动设备在所有时隙的策略向量和 KKT 系数；

　　　　ρ：耦合条件的惩罚系数，满足 $\rho > 2$；$k=0$：迭代步数；ε：允许误差；$\sigma \in (0, 0.5)$，$\alpha \in (0, 1)$，$k1 \in (0, 1)$，$m_k = 0$，这些都是算法中涉及的参数.

(1) while($\| \Psi(\omega^k) \| > \varepsilon$), do

(2)　　 if $H_k \in \partial\boldsymbol{\Phi}(\omega^k)$, then

(3)　　　　 $d^k = -(H_k)^{-1}\boldsymbol{\Phi}(\omega^k)$

(4)　　　　　 if $\nabla\Psi(\omega^k)^T d^k > -k1 \| d^k \|^{p1}$, then

(5)　　　　　　 $d^k = -\nabla\Psi(\omega^k)$

(6)　　　　　 end if

(7)　　 end if

(8)　　 while($\Psi(\omega^k + \alpha^{m_k}d^k) \leq \Psi(\omega^k) + \sigma\alpha^{m_k}\nabla\Psi(\omega^k)^T d^k$), do

(9)　　　　 $m_k = m_k + 1$

(10)　　 end while

(11)　　 $\omega^{k+1} = \omega^k + \alpha^{m_k}d^k$

(12)　　 $k = k + 1$

(13) end while

可以得出，算法中包含两层 while 循环，可以将内层 while 循环设为 m 次，外层 while 循环设为 n 次，故算法的时间复杂度为 $O(mn)$ 有较低的复杂度。基于上述算法，可以计算出系统内各个移动设备在各个时隙的执行策略及 KKT

系数。

　　通过文献[95]、[97]可知,上述提出的半光滑牛顿法是全局收敛的。在利用半光滑牛顿法时,当遇到下降速度不快这一情况时,先用线搜索策略找到一个下降速度最快的方向,再用牛顿迭代法求解。这样对初始点的选择就不再有要求,且能较快地在有限迭代次数后就收敛到方程的解点,收敛性就由局部变成全局收敛。

◆◇ 5.5　仿真实验

5.5.1　仿真参数说明

　　本小节,利用 MATLAB 对基于半光滑牛顿算法求解构造的 GNEP 问题做了几组仿真实验。

　　实验配置参数如下:假设系统中共有 4 个移动设备,移动设备间的社交关系和亲密系数如矩阵 M 所示。从矩阵 M 可以看出,$s_{1,2}$ 和 $s_{2,1}$ 均为零,说明移动设备 1 和移动设备 2 之间不存在社交关系,其他移动设备间均存在社交关系。矩阵 M 对角线上的元素全为 1,即移动设备和自身的亲密关系为 1,且该矩阵并非对称矩阵,这符合生活中的人际关系。系统中各个移动设备的仿真参数如表 5-1 所列[78],信道、雾服务器和云服务器的参数如表 5-2 所列[24]。

$$M = \begin{bmatrix} 1 & 0 & 0.25 & 0.80 \\ 0 & 1 & 0.50 & 0.65 \\ 0.45 & 0.50 & 1 & 0.38 \\ 0.75 & 0.55 & 0.60 & 1 \end{bmatrix}$$

表 5-1　系统中移动设备的仿真参数设置

参数及单位	设备 1	设备 2	设备 3	设备 4
u_i^M(MIPS)	1.6	1.8	2.0	1.4
k_i(J/cycle)	10^{-6}	10^{-6}	10^{-6}	10^{-6}
x_i(cycle)	2.0×10^7	1.5×10^7	2.5×10^7	1.8×10^7
θ_i(Mb)	8	5	6	7
u_i(-)	0.005	0.006	0.003	0.002
$E_{i,t}^{max}$(J)	30	30	30	30
$E_{i,t}^{min}$(J)	0	0	0	0

表5-2　系统中信道、雾/云服务器的仿真参数设置

符号及单位	数值	符号及单位	数值
$W(\text{MHz})$	6	$T_{FC}(\text{s})$	0.3
$u^F(\text{MIPS})$	6	$u^C(\text{MIPS})$	15

5.5.2　仿真实验结果

图5-2研究了在一个时隙内，随着服务请求到达速率的增加，移动设备2的最优决策的变化。从图5-2可以看出，当服务请求到达速率在区间[0,1]时，本地执行服务请求的比例在缓慢增加，而雾服务器和远程云的执行比例在缓慢减少(卸载的数量仍在增加)，这是由于移动设备端的计算资源和能量充足，在本地执行可以减少时延，但仍将一部分任务卸载到雾服务器和远程云去执行，此时的雾服务器的资源相对充足。当服务请求到达速率在区间[1,2]时，可以发现，本地执行的比例快速增加，而雾服务器和远程云的执行比例却在快速减少，这是因为多个移动设备竞争雾服务器的有限资源，若继续卸载大比例的服务请求，会增加执行时延，从而增加执行花费。

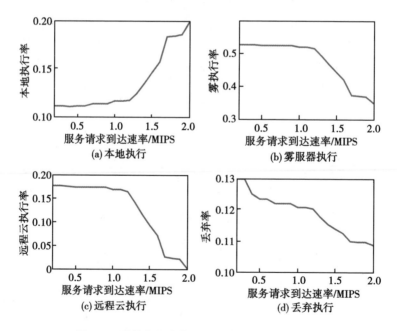

图5-2　最优执行决策和服务请求到达率的关系

在图5-2的基础上，研究了移动设备端、信道、雾服务器的能量消耗和执

行时延,以及总的执行花费和能量消耗,如图 5-3 所示。随着速率的不断增大,越来越多的服务请求在本地执行,故能量和时延都增大,又因卸载的总量也在逐步增大,故上行传输的能耗和时延也在不断增大。在这里,假设雾服务器执行时,移动端的能耗为零。从图 5-3(d)可以看出,随着服务请求到达速率的不断增加,执行花费和总能量消耗也在不断增加。

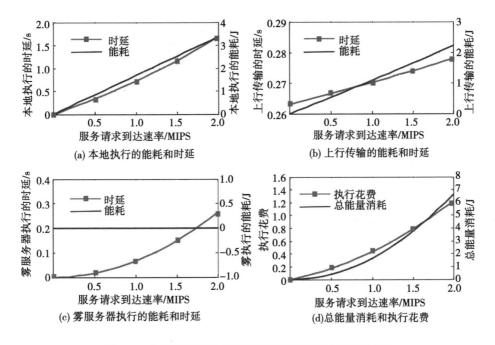

图 5-3　能量消耗和执行时延与服务请求到达速率的关系

在表 5-3 中,在不同指数型惩罚函数的系数 $\rho(10, 100, 1000, 1000)$ 下,求解了当服务请求速率为 1.2 MIPS 时,移动设备 2 的本地执行、雾服务器执行、远程云执行、丢弃四部分的最优执行策略。用直方图 5-4 可以更容易发现,随着 ρ 的不断增大,策略逐步收敛。

表 5-3　在不同 ρ 值下移动设备 2 的最优执行策略

ρ	本地执行	雾服务器执行	远程云执行	丢弃
10	0.1859	0.5586	0.1135	0.1420
100	0.2164	0.5378	0.1100	0.1358
1000	0.2170	0.5375	0.1098	0.1357
10000	0.2170	0.5375	0.1098	0.1356

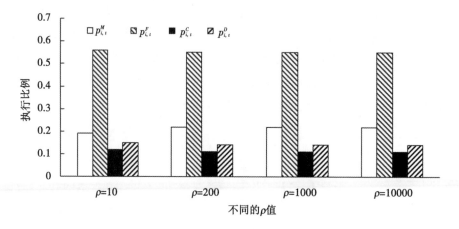

图 5-4　在不同 ρ 值下移动设备 2 的最优执行策略

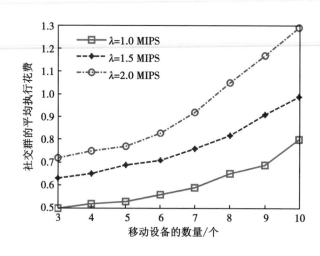

图 5-5　系统中移动设备的数量和平均执行花费的关系

　　图 5-5 研究了在不同的服务请求到达速率(分别为 1.0，1.5，2.0 MIPS)下，移动设备的数量和社交群的平均执行花费的问题。通过图 5-5 中任何一条曲线可以看到，随着系统中移动设备数量的增加，执行花费也在不断增加。这是因为随着移动设备数量的增多，卸载的服务请求越来越多。卸载的服务请求通过信道卸载到资源有限的雾服务器，一方面在信道产生的传输干扰越来越大，从而使服务请求在信道的传输时间越来越长；另一方面，越来越多的移动设备竞争雾服务器的有限资源，卸载的服务请求在雾服务器的等待时延越来越长，时延增加，从而使执行花费越来越大。另外，通过图 5-5 中的三条曲线可以看出，服务请求到达速率越大，执行花费也越大，这是由于移动设备在该时

隙能量有限，使丢弃的服务请求越来越多。随着移动设备数量的增多（在图 5-5 中，移动设备的数量超过 8 个时），执行花费增大的速率也越来越快。

◆◇ 5.6　本章小结

本章主要研究了具有社交关系和能量收集功能的多用户动态计算卸载问题。将整体的动态计算卸载问题转化为无数个静态计算卸载问题。移动设备 CPU、雾服务器、远程云服务器的任务执行过程仍然采用排队论。本章的精华点在于将能量收集和社交关系引入移动云计算。在研究系统中，假设移动设备具有能量收集功能，收集的能量用于本地任务执行或者发送端口卸载。电池能量在相邻时隙间是耦合的，即移动设备在各个时隙的能量消耗来源于时隙内收集的能量和上一时隙剩余的能量。这增加了设计计算卸载方案的难度。引入社交关系，使移动设备在制定执行策略时要考虑与其有社交关系的移动设备群的策略集。广义纳什均衡问题很好地诠释了提出的目标优化问题。将提出的广义纳什均衡问题通过指数型惩罚函数的方法转化成了传统的纳什均衡问题，最终将求解过程等价转化为求解模型的 KKT 系统，通过构造价值函数，利用半光滑牛顿法，求得各个移动设备在各个时隙的最优执行决策。最终理论在仿真实验中得到验证。

第6章 静态和动态信道下的多用户计算卸载和资源分配策略的研究

◆ 6.1 引言

随着先进的无线技术和高速传输无线网络的发展，移动应用数量呈现爆发式增长，而移动设备有限的计算能力越来越难以满足用户对计算密集型应用的需求。得益于5G网络的发展，移动设备可以满足低延时、高可靠、低能耗、降低运营成本等多种服务质量需求，通过多址技术，提高用户体验质量。但5G网络在容量有限的回程链路中存在挑战，在面对小型蜂窝网络庞大的网络密度和网络多样性时更是如此。移动边缘计算服务器在靠近移动设备的网络边缘提供计算、存储、缓存等服务，将计算任务直接卸载到网络边缘的边缘服务器上，可有效解决5G网络中回程拥塞的问题，提高网络可靠性和执行效率，降低网络延迟。考虑到计算请求到达的动态性和随机性、移动设备电池中的能量、无线网络环境和移动边缘计算服务器中的计算资源，如何高效地卸载成为一个挑战。本章针对具有能量收集功能的5G MEC异构网络中静态子信道和动态子信道在一个时隙内分别存在的情况，提出了基于排队论的动态优化方案。

在本章中，假设移动设备是以正交频分多址(orthogonal frequency-division multiple access, OFDMA)的方式接入无线子信道。OFDMA[102-105]是无线通信系统的标准，是下一代宽带无线接入的一种多址技术。OFDMA多址接入系统将传输带宽划分成一系列正交的互不重叠的子载波集，将不同的子载波集分配给不同的用户实现多址。OFDMA技术将频率选择性衰落信道转化为若干平坦衰落子信道，从而能够有效地抵抗无线移动环境中的频率选择性衰落。OFDMA可动态地把可用带宽资源分配给需要的用户，不同用户占用互不重叠的子载波集，用户间相互正交，没有小区内干扰，多个用户可以同时使用整个频带，并且它的分配机制非常灵活，可以根据用户业务量的大小动态分配子载波的数量，不同的子载波上使用的调制方式和发射功率也可以不同，这样很容易实现系统资源的灵活、优化利用，达到服务质量要求。[106-107]OFDMA 可以灵活地适应带宽要求，与动态信道分配技术结合使用来支持高速的数据传输。在未来的物理层技术演进中，OFDMA 仍然会作为一种非常重要的关键技术继续保留。

　　本章将研究具有能量收集功能的移动设备的 5G 移动边缘计算异构网络模型，将计算卸载策略和连续时隙耦合，并研究时隙内静态信道和动态信道的情况。对于系统模型，本章构建了具有能量收集能力的多移动设备、小基站、宏基站与移动边缘服务器联动的 5G 异构网络移动边缘计算系统。移动设备可以选择宏基站或小基站两种方式进行上行传输。本章采用了几种队列模型来研究请求在移动设备和移动边缘计算服务器上的执行。具体来说，在移动设备使用 $M/M/1$ 队列，在移动边缘计算服务器使用 $M/G/1$ 队列。通过对卸载模型的数学模拟，分别给出了一个时隙内静态子信道和动态子信道情况下的系统平均执行时延最小化问题。在静态信道情况下，考虑了 Lyapunov 优化和遗传模拟退火算法，推导出原问题的 Lyapunov 漂移和惩罚函数的上限，并给出了连续时隙的动态算法。在动态信道情况下，采用主从模型，从问题的目的是在单个衰落块上寻求最优的传输路径和子信道分配方案；而主问题是在不同衰落块中以最小化所有移动设备和所有时隙的执行延迟为目标的最优卸载概率分配问题，并采用二次序列规划和遗传模拟退火算法进行求解。最后通过仿真实验验证了所提方案的有效性。

◆◇ 6.2　系统模型

　　5G 移动边缘计算异构网络模型如图 6-1 所示。本书提出了一种包括 N 个单核移动设备、一个小基站(SBS)和一个配备了移动边缘计算服务器的宏基站(MBS)在内的 5G 移动边缘计算异构网络系统。在该研究系统中有 N 个移动设备，记为 $\mathcal{N}=\{1, 2, \cdots, N\}$。在每个移动设备上只有一个处理器，因此处理队列被建模为 $M/M/1$。移动设备可以从周围环境中收集诸如太阳能之类的能量，用于数据处理和传输。在这种特殊的 5G 异构网络中，小基站的服务区域被宏基站覆盖，也就是说，二者以相同的频率工作。频谱实际上被分为了 K 个子信道，子信道集合表示为 $\mathcal{K}=\{1, 2, \cdots, k, \cdots, K\}$，该集合的基数为 $|\mathcal{K}|=K$。

假设子信道采用正交频分复用技术。小基站和宏基站之间存在回程，用于二者之间的传输。移动边缘计算服务器可以执行移动设备卸载的计算请求，其进程队列建模为 $M/G/1$ 队列。在系统中，每个移动设备可以通过小基站或者宏基站，将部分甚至整个计算任务卸载到移动边缘计算服务器上。在本书中，时间被分为若干时隙，这些时隙表示为 t，时隙长度为 τ，每个时隙非常短，时隙索引集合表示为 $\mathcal{T} = \{0, 1, \cdots, t, \cdots, T-1\}$。这样，就可以基于极限的思想，用平均值考虑延迟和能量的瞬时实现，从而保证了锂离子电池的电量约束。

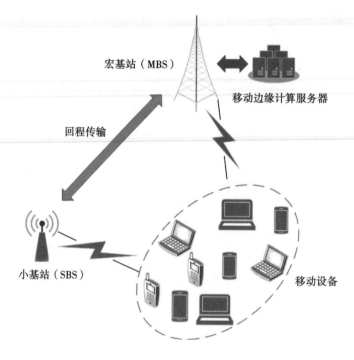

图 6-1　5G 移动边缘计算异构网络模型

6.2.1　本地执行模型

系统中每个移动设备执行一个类似的应用程序，并产生许多同类型的计算请求。为便于展示，$MD\ i(t)$ 表示时隙 t 下的移动设备 i。另外，$MD\ i(t)$，$i \in \mathcal{N}$ 的平均到达率表示为 $\lambda_i(t)$，假定其遵循泊松过程。每个请求所包含的数据规模为 β_i。值得注意的是，"在时隙 t" 在本书中表示任务在时间点 t 发生，在时隙 $t+1$ 执行。

$MD\ i(t)$ 会让一部分生成的任务在本地执行，而其余的任务则转移到 MEC

服务器，以减少能量消耗和执行延迟等。假定 $MD\ i$ 在时隙 t 开始时的执行决策 $p_i(t)=[p_i^M(t), p_i^C(t)]$，$p_i^M(t)$ 表示 $MD\ i$ 本地执行的比例，$p_i^C(t)$ 代表 $MD\ i$ 卸载到 MEC 服务器上的比例，这些是需要优化的参数。

假定 $MD\ i$ 的计算能力为 u_i^M，这取决于它的固有特性，比如 CPU 周期。不同移动设备的计算能力也不尽相同。用 $l_i^M(t)$ 表示 CPU 占用百分比，$0\leq l_i^M(t)<1$。$l_i^M(t)=0$ 意味着 $MD\ i(t)$ 的 CPU 处于空闲状态。基于上述假设，可以得到本地执行的平均响应时间如式（6-1）所示。

$$D_i^M(t)=\frac{1}{u_i^M(1-l_i^M(t))-\lambda_i(t)p_i^M(t)}$$
$$=\frac{1}{u_i^M(1-l_i^M(t))-\lambda_i(t)(1-p_i^C(t))}\qquad(6-1)$$

$MD\ i(t)$ 对于本地执行的实际计算能力为 $u_i^M(1-l_i^M(t))$，处理器对应的 CPU 周期频率为 $f_i(t)$。在低 CPU 电压情况下，CPU 功耗与 CPU 周期频率的 3 次方成正比。因此，$MD\ i(t)$ 的本地执行能耗 $E_i^M(t)$ 如式（6-2）所示。

$$E_i^M(t)=\kappa_i f_i^3(t)D_i^M(t)$$
$$=\kappa_i f_i^3(t)\frac{1}{u_i^M(1-l_i^M(t))-\lambda_i(t)p_i^M(t)}\qquad(6-2)$$
$$=\kappa_i f_i^3(t)\frac{1}{u_i^M(1-l_i^M(t))-\lambda_i(t)(1-p_i^C(t))}$$

式（6-2）中的 κ_i 由 $MD\ i$ 的开关电容决定，为常数，可以从配置参数中获取。

6.2.2　上行传输

每个子信道的带宽为 B。移动设备可以选择通过小基站或者宏基站将任务卸载到 MEC 服务器。如果 $MD\ i(t)$ 选择在子信道 k 上通过宏基站卸载请求，可以得到上行传输速率如式（6-3）所示。

$$r_{i,k}^M(t)=B\log_2\left(1+\frac{p_{i,k}^M(t)h_{i,k}^M(t)}{I_{i,k}^S+\sigma^2}\right)\qquad(6-3)$$

式中：$p_{i,k}^M(t)$——$MD\ i(t)$通过宏基站的第 k 个子信道的传输功率；

$h_{i,k}^M(t)$——$MD\ i(t)$与宏基站之间的信道增益；

$I_{i,k}^S$——宏基站上由于其他移动设备在同一个子信道上和小基站之间
进行上行数据传输而引起的干扰参数；

σ^2——背景噪声功率。

类似地，如果 $MD\ i(t)$ 选择通过小基站在子信道 k 进行数据传输，那么数据上行传输速率 $r_{i,k}^S(t)$ 如式（6-4）所示。

$$r_{i,k}^S(t) = B \log_2 \left(1 + \frac{p_{i,k}^S(t) h_{i,k}^S(t)}{I_{i,k}^M + \sigma^2} \right) \tag{6-4}$$

式中：$p_{i,k}^S(t)$——$MD\ i(t)$通过小基站的第 k 个子信道的传输功率；

$h_{i,k}^S(t)$——$MD\ i(t)$与小基站之间的信道增益；

$I_{i,k}^M$——小基站由于其他移动设备在同一个子信道上上行传输数据到
宏基站引起的干扰参数。

考虑到 $MD\ i$ 可以通过小基站或者宏基站卸载请求，于是定义 $\rho_{i,j,k}(t)$ 作为 $MD\ i(t)$ 的请求卸载指示器，包括传输路径选择和子信道分配决策。$\rho_{i,j,k}(t)=1$ 表示 $MD\ i$ 选择模式 j，通过子信道 k 实现请求卸载，否则就有 $\rho_{i,j,k}(t)=0$。在这里，$i \in \mathcal{N}$，$j=\{0,1\}$，$k \in \mathcal{K}$。$j=0$ 是指通过小基站进行传输，$j=1$ 是指通过宏基站进行传输。

如果 $MD\ i(t)$ 选择通过宏基站卸载请求，那么总的上行传输速率 $R_i^M(t)$ 如式（6-5）所示。

$$\begin{aligned} R_i^M(t) &= \sum_{k=1}^{K} \rho_{i,1,k}(t) r_{i,k}^M(t) \\ &= \sum_{k=1}^{K} \rho_{i,1,k}(t) B \log_2 \left(1 + \frac{p_{i,k}^M(t) h_{i,k}^M(t)}{I_{i,k}^S + \sigma^2} \right) \end{aligned} \tag{6-5}$$

式（6-5）中，$I_{i,k}^S = \sum_{l=1,l \neq i}^{N} \rho_{l,0,k} p_{l,k}^S(t) h_{l,k}^M(t)$，所以 $R_i^M(t)$ 还可以表述为如式（6-6）所示。

$$R_i^M(t) = \sum_{k=1}^{K} \rho_{i,1,k}(t) B \log_2 \left(1 + \frac{p_{i,k}^M(t) h_{i,k}^M(t)}{\sum\limits_{l=1,l\neq i}^{N} \rho_{l,0,k} p_{l,k}^S(t) h_{l,k}^M(t) + \sigma^2} \right) \quad (6-6)$$

$MD\ i(t)$ 通过宏基站的上行传输时间 $D_{i,M}(t)$ 如式（6-7）所示。

$$\begin{aligned} D_{i,M}(t) &= \frac{\lambda_i(t)\tau\beta_i p_i^C(t)}{R_i^M(t)} \\ &= \frac{\lambda_i(t)\tau\beta_i p_i^C(t)}{\sum\limits_{k=1}^{K} \rho_{i,1,k}(t) B \log_2 \left(1 + \dfrac{p_{i,k}^M(t) h_{i,k}^M(t)}{\sum\limits_{l=1,l\neq i}^{N} \rho_{l,0,k} p_{l,k}^S(t) h_{l,k}^M(t) + \sigma^2} \right)} \end{aligned} \quad (6-7)$$

如果 $MD\ i(t)$ 选择通过小基站卸载请求，那么总的上行传输速率 $R_i^S(t)$ 如式（6-8）所示。

$$\begin{aligned} R_i^S(t) &= \sum_{k=1}^{K} \rho_{i,0,k}(t) r_{i,k}^S(t) \\ &= \sum_{k=1}^{K} \rho_{i,0,k}(t) B \log_2 \left(1 + \frac{p_{i,k}^S(t) h_{i,k}^S(t)}{I_{i,k}^M + \sigma^2} \right) \end{aligned} \quad (6-8)$$

式（6-8）中，$I_{i,k}^M = \sum\limits_{l=1,l\neq i}^{N} \rho_{l,1,k} p_{l,k}^M(t) h_{l,k}^S(t)$，所以 $R_i^S(t)$ 还可以表述为如式（6-9）所示。

$$R_i^S(t) = \sum_{k=1}^{K} \rho_{i,0,k}(t) B \log_2 \left(1 + \frac{p_{i,k}^S(t) h_{i,k}^S(t)}{\sum\limits_{l=1,l\neq i}^{N} \rho_{l,1,k} p_{l,k}^M(t) h_{l,k}^S(t) + \sigma^2} \right) \quad (6-9)$$

用 $D_{i,S}^{up}(t)$ 表示 $MD\ i(t)$ 通过小基站的上行传输延迟，其表达式如式（6-10）所示。

$$D_{i,S}^{\mathrm{up}}(t) = \frac{\lambda_i(t)\tau\beta_i p_i^C(t)}{R_i^S(t)}$$

$$= \frac{\lambda_i(t)\tau\beta_i p_i^C(t)}{\sum\limits_{k=1}^{K} \rho_{i,0,k}(t) B \log_2\left(1 + \dfrac{p_{i,k}^S(t) h_{i,k}^S(t)}{\sum\limits_{l=1,l\neq i}^{N} \rho_{l,1,k} p_{l,k}^M(t) h_{l,k}^S(t) + \sigma^2}\right)} \quad (6\text{-}10)$$

由于小基站和宏基站的回程有限，假设回程的传输延迟与数据长度成正比，且相应的比例系数为 ζ，回程延迟 $D_{i,S}^{bh}(t)$ 可以表示为 $D_{i,S}^{bh}(t) = \zeta\lambda_i(t)\tau\beta_i p_i^C(t)$。

综上所述，$MD\ i(t)$ 通过小基站的总传输延时 $D_{i,S}(t)$ 如式 (6-11) 所示。

$$D_{i,S}(t) = \zeta\lambda_i(t)\tau\beta_i p_i^C(t) + \frac{\lambda_i(t)\tau\beta_i p_i^C(t)}{\sum\limits_{k=1}^{K} \rho_{i,0,k}(t) B \log_2\left(1 + \dfrac{p_{i,k}^S(t) h_{i,k}^S(t)}{\sum\limits_{l=1,l\neq i}^{N} \rho_{l,1,k} p_{l,k}^M(t) h_{l,k}^S(t) + \sigma^2}\right)}$$

$$(6\text{-}11)$$

总之，无论 $MD\ i(t)$ 选择哪种模式进行卸载，传输时间 $D_i^{\mathrm{up}}(t)$ 可以如式 (6-12) 所示。

$$D_i^{\mathrm{up}}(t) = \max\{\rho_{i,0,k}(t),\ k\in K\} D_{i,S}(t) + \max\{\rho_{i,1,k}(t),\ k\in K\} D_{i,M}(t)$$

$$(6\text{-}12)$$

$MD\ i(t)$ 的上行传输能量消耗 $E_i^{\mathrm{up}}(t)$ 如式 (6-13) 所示。

$$E_i^{\mathrm{up}}(t) = \sum\limits_{k=1}^{K} \rho_{i,1,k}(t) p_{i,k}^M(t) D_{i,M}^{\mathrm{up}}(t) + \sum\limits_{k=1}^{K} \rho_{i,0,k}(t) p_{i,k}^S(t) D_{i,S}^{\mathrm{up}}(t)$$

$$(6\text{-}13)$$

6.2.3 云执行

移动边缘计算服务器位于宏基站上，所以忽略从宏基站到移动边缘计算服务器的请求传输延迟。移动边缘计算服务器的服务速率为 u^C。来自不同移动设备的在服务器上挂起的卸载请求遵循泊松过程，它们在时隙 t 以总速率 $\lambda_{\mathrm{total}}(t)$

聚集到了一起。$\lambda_{\text{total}}(t)$ 表达式如式（6-14）所示。

$$\lambda_{\text{total}}(t) = \sum_{i \in N} \lambda_i(t) p_i^C(t) \tag{6-14}$$

相应地，在时隙 t，移动边缘计算服务器的平均占用百分比为 $l_C(t)$，且有 $0 \leqslant l_C(t) < 1$。平均响应时间 $D^C(t)$ 如式（6-15）所示。

$$D^C(t) = \frac{2u^C(1 - l_C(t)) - \sum\limits_{i=1}^{N} \lambda_i(t) p_i^C(t)}{2u^C(1 - l_C(t)) \left[u^C(1 - l_C(t)) - \sum\limits_{i=1}^{N} \lambda_i(t) p_i^C(t) \right]} \tag{6-15}$$

移动边缘计算服务器完成执行后，生成的结果将被发送到宏基站和小基站，然后发送回移动设备。考虑到计算结果的数据量远小于计算输入，本书忽略了接收结果的能量消耗和延迟。此外，为了简单起见，也忽略了其他能量消耗。

6.2.4　能量收集模型

本书假设能量的收集过程是通过接收连续的能量包来建模的。假设 $MD\ i(t)$ 上到达的能量包遵循泊松过程，平均到达速率为 $e_i(t)$，$0 < e_i(t) \leqslant e_i^{\max}(t)$，令 $e_i^{\max}(t)$ 表示为能量包平均到达速率的最大值，在不同的时隙下，它的值是独立同分布的。收集到的能量包将被存储在移动设备的电池中，并为本地执行或上行传输过程中所需要的能量值做准备。用 $\hat{B}_i(t)$ 来表示移动设备 $MD\ i(t)$ 的能量储备值，$\hat{B}_i(t) < \infty$，$\forall t \in T$。为了简单起见，本书忽略了除本地计算执行和请求传输之外的其他目的的能量消耗。

令 $E_{i,\text{total}}(t)$ 表示 $MD\ i(t)$ 的总能耗，不难发现，它包含两部分：① CPU 本地执行时的消耗，记为 $E_i^M(t)$；② 传输卸载请求的能量消耗，记为 $E_i^{\text{up}}(t)$，其依赖于传输路径和子信道分配策略。由此可以推出 $E_{i,\text{total}}(t)$ 如式（6-16）所示。

$$E_{i,\text{total}}(t) = E_i^M(t) + E_i^{\text{up}}(t) \tag{6-16}$$

另外，由于时隙的长度非常小，可以基于极限思想，用平均值代替瞬时值。因此，对于 $MD\ i(t)$，有电池的能量储备值不小于总能耗，如式（6-17）所示。

$$E_{i,\,\text{total}}(t) \leqslant \hat{B}_i(t) \tag{6-17}$$

假定在时隙 t 收集到的能量将用于 $t+1$ 时隙，则 $MD\ i$ 的电池能量等级演化规律如式（6-18）所示。

$$\hat{B}_i(t+1) = \hat{B}_i(t) - E_{i,\,\text{total}}(t) + e_i(t) \tag{6-18}$$

具有能量收集能力的移动设备与传统的电池供电的移动边缘计算服务器系统在在线请求卸载策略的设计上有很大的不同。此外，由于电池的能量水平与时间相关，系统优化决策在相邻的时间段内是耦合的。因此，如何通过确定最优的计算卸载策略，尽可能地平衡当前和未来的计算性能是一个挑战。

◆◇ 6.3　时隙下静态信道的问题表述与算法设计

在本节中，假定子信道是独立同分布块衰落的，即在每个时隙内，子信道的状态是稳定的。

6.3.1　问题制定

根据上述推导出的模型，在静态子信道的情形下，首先推导出 $MD\ i(t)$ 的执行延迟 $D_i(t)$，如式（6-19）所示。

$$
\begin{aligned}
D_i(t) &= p_i^M(t) D_i^M(t) + p_i^C(t)\left(D_i^{\text{up}}(t) + D^C(t)\right) \\
&= p_i^M(t) D_i^M(t) + p_i^C(t) \left\{ \begin{array}{l} \max\left\{\rho_{i,0,k}(t),\ k \in K\right\} D_{i,S}(t) + \\ \max\left\{\rho_{i,1,k}(t),\ k \in K\right\} D_{i,M}(t) + D^C(t) \end{array} \right\} \\
&= \left(1 - p_i^C(t)\right) D_i^M(t) + p_i^C(t) \left\{ \begin{array}{l} \max\left\{\rho_{i,0,k}(t),\ k \in K\right\} D_{i,S}(t) + \\ \max\left\{\rho_{i,1,k}(t),\ k \in K\right\} D_{i,M}(t) + D^C(t) \end{array} \right\}
\end{aligned}
\tag{6-19}
$$

实际上，上述方程主要是基于数学期望推导出来的。$p_i^M(t)$ 为本地执行的概率；$D_i^M(t)$ 为本地执行延迟；$p_i^C(t)$ 为卸载执行的概率；$D_i^{\text{up}}(t) + D^C(t)$ 为卸载执行延迟，包括传输时间和 MEC 执行时间。当 $p_i^M(t) + p_i^C(t) = 1$ 时，根据数学期望，可以推导出式（6-19）中 $MD\ i(t)$ 的执行延迟的数学表达式。

总的系统加权执行延迟 $WD_{\text{total}}(t)$ 如式(6-20)所示。

$$WD_{\text{total}}(t) = \sum_{i=1}^{N} \frac{1}{N} \omega_i \left\{ \begin{array}{l} (1 - p_i^C(t)) D_i^M(t) + \\ p_i^C(t) \left\{ \begin{array}{l} \max\{\rho_{i,0,k}(t), k \in K\} D_{i,S}(t) + \\ \max\{\rho_{i,1,k}(t), k \in K\} D_{i,M}(t) + D^C(t) \end{array} \right\} \end{array} \right\}$$

$$(6-20)$$

式中：ω_i——MD i 的权重因子，即在系统中的相对重要程度。

与许多文献相似，本书假设系统中的移动设备具有与社会网络相似的不同比例系数。

于是得到了 MEC 计算系统在 T 个时隙期间的平均执行延迟 $MWD_{\text{total}}(t)$，如式(6-21)所示。

$$MWD_{\text{total}}(t) = \lim_{T \to \infty} \frac{1}{T} \sum_{t=0}^{T-1} WD_{\text{total}}(t)$$

$$= \lim_{T \to \infty} \frac{1}{T} \sum_{t=0}^{T-1} \sum_{i=1}^{N} \frac{1}{N} \omega_i \left\{ \begin{array}{l} (1 - p_i^C(t)) D_i^M(t) + \\ p_i^C(t) \left\{ \begin{array}{l} \max\{\rho_{i,0,k}(t), k \in K\} D_{i,S}(t) + \\ \max\{\rho_{i,1,k}(t), k \in K\} D_{i,M}(t) + D^C(t) \end{array} \right\} \end{array} \right\}$$

$$(6-21)$$

本章尽量最小化平均执行延迟 $MWD_{\text{total}}(t)$。系统的总决策为 $V(t) = [p(t), \rho(t)]$，$\forall t \in \mathcal{T}$，$p(t) = [p_1^C(t), p_2^C(t), \cdots, p_i^C(t), \cdots, p_N^C(t)]$，即系统中所有移动设备在时隙 t 的卸载概率；$\rho(t) = [\rho_{1,j,k}(t), \rho_{2,j,k}(t), \cdots, \rho_{N,j,k}(t)]$ 为所有移动设备的传输路径选择和子信道分配决策。

因此，将系统最优化问题表述为如式(6-22)所示。

$$\mathbf{P}: \min_{V(t)} MWD_{\text{total}}(t) \qquad (6-22)$$

满足的约束条件如式(6-23a)至式(6-23g)所示。

$$0 \leqslant p_i^C(t) \leqslant 1 \qquad (6-23a)$$

$$u_i - \lambda_i(t)(1 - p_i^C(t)) > 0 \qquad (6-23b)$$

$$\rho_{i,j,k}(t) \in \{0, 1\} \qquad (6\text{-}23\text{c})$$

$$\sum_{j=0}^{1} \rho_{i,j,k}(t) = 1 \qquad (6\text{-}23\text{d})$$

$$E_{i,\text{total}}(t) \leqslant \hat{B}_i(t) \qquad (6\text{-}23\text{e})$$

$$\hat{B}_i(t+1) = \hat{B}_i(t) - E_{i,\text{total}}(t) + e_i(t) \qquad (6\text{-}23\text{f})$$

$$i \in \mathcal{N}, t \in \mathcal{T}, k \in \mathcal{K} \qquad (6\text{-}23\text{g})$$

然而，由于能量因果关系的限制如式(6-23f)所示，移动设备的执行决策在连续的时间段内耦合。这使得平均执行延迟最小化的问题难以解决。当 $E_i^{\max}(t)$ 的上界和 $E_i^{\min}(t)$ 的非负下界合适时，可以忽略掉能量约束式(6-23f)，从而去除复杂的耦合效应，简化问题。同时，系统的性能可以针对每个确定的时隙单独进行优化。因此，可将上述问题修改如式(6-24)所示。

$$\mathbf{P1}: \min_{V(t)} MWD_{\text{total}}(t) \qquad (6\text{-}24)$$

满足的约束条件如式(6-25)和式(6-26)所示。

$$式(6\text{-}23\text{a})至式(6\text{-}23\text{d})、式(6\text{-}23\text{g}) \qquad (6\text{-}25)$$

$$E_{i,\text{total}}(t) \in [E_i^{\min}(t), E_i^{\max}(t)] \qquad (6\text{-}26)$$

为了简化，当 $E_i^{\min}(t)$ 趋于 0 时，**P1** 问题的最优解与原问题相同。

由于 **P1** 是一个随机优化问题，需要确定大量的优化变量，如执行策略变量和卸载策略变量。一般来说，总最优决策可以转化为通过随机求解某一确定的单时隙问题来获得。

6.3.2 静态信道的算法设计

在该部分中，引入 Lyapunov 优化方法，设计了一种有效的控制算法。不需要额外的信息。Lyapunov 优化是解决复杂优化问题的一种有效方法。但是，由于相邻时隙中电池电量的相关性，不同时隙的执行决策集不是独立同分布的，因此需要引入一个扰动参数。引入的扰动参数定义为 η，虚拟能级队列表示为

$B_i(t) = \hat{B}_i(t) - \eta_i$，$\eta_i$ 为一个有界且确定的常数，且满足 $\eta_i \geq E_{max} + v\alpha_i / E_{min}$。

为了更清晰地描述算法，首先定义基本的 Lyapunov 函数如式(6-27)所示。

$$S(\boldsymbol{B}(t)) = \frac{1}{2} \sum_{i \in \mathcal{N}} B_i^2(t) \qquad (6-27)$$

其中，$\boldsymbol{B}(t) = [B_1(t), \cdots, B_i(t), \cdots, B_N(t)]$。下一个条件 Lyapunov 漂移可以定义如式(6-28)所示。

$$\Delta(\boldsymbol{B}(t)) = E[S(\boldsymbol{B}(t+1)) - S(\boldsymbol{B}(t)) | \boldsymbol{B}(t)] \qquad (6-28)$$

则 Lyapunov 漂移加惩罚函数表示如式(6-29)所示。

$$\Delta_V(\boldsymbol{B}(t)) = \Delta(\boldsymbol{B}(t)) + VE[WD_{total}(t) | \boldsymbol{B}(t)] \qquad (6-29)$$

式中：V——控制参数，在本书算法中的取值范围为$(0, +\infty)$。

对于任意一组满足限制条件的 $\boldsymbol{V}(t)$，Lyapunov 优化的核心——$\Delta(\boldsymbol{B}(t))$ 的上界可由引理 6-1 导出。

引理 6-1　对于满足式(6-25)、式(6-26)的 $\boldsymbol{V}(t)$ 的任意值，$\Delta_V(\boldsymbol{B}(t))$ 是绝对的上限值，如式(6-30)所示。

$$\Delta_V(\boldsymbol{B}(t)) \leq CT + \sum_{i \in \mathcal{N}} \{B_i(t)[e_i(t) - E_{i, total}(t)]\} + VE[WD_{total}(t) | \boldsymbol{B}(t)]$$
$$(6-30)$$

式中：CT——常数，记为 $CT = \sum_{i \in \mathcal{N}} \left[\frac{(e_i^{max}(t))^2 + (E_i^{max}(t))^2}{2} \right]$。

算法 6-1 的目标是连续最小化 $\Delta_V(\boldsymbol{B}(t))$ 在每个确定时隙的最大值。

算法 6-1　在线 Lyapunov 优化算法

1：计算 $\boldsymbol{B}(t)$ 的设定值

2：得到问题 **P2** 的最优解

P2：$\min\limits_{V(t)} \sum\limits_{i \in \mathcal{N}} \{B_i(t)[e_i(t) - E_{i, total}(t)]\} + VE[WD_{total}(t) | \boldsymbol{B}(t)]$

满足的约束条件如式(6-25)、式(6-26)所示

3：令 $t = t+1$，重新计算 $\boldsymbol{B}(t)$，连续迭代 1 和 2，直到得到所有考虑时隙最优解

换句话说，问题可以转化为解决以下问题：

$$\textbf{P2:} \min_{V(t)} \sum_{i \in N} \{B_i(t)[e_i(t) - E_{i,\text{total}}(t)]\} + VE[WD_{\text{total}}(t) \mid \boldsymbol{B}(t)]$$

满足的约束条件如式(6-25)、式(6-26)所示。

优化后系统平均执行延迟可以实现最小化。通过对上述算法的分析，发现决策变量$\rho_{i,j,k}(t)$是一个复合变量，其中不仅包含了传播路径决策，还包含了子信道分配决策。因此，可以把该变量分解为两部分：$\rho_{i,j}^{(1)}(t)$和$\rho_{i,j}^{(2)}(t)$，其满足$\rho_{i,j,k}(t) = \rho_{i,j}^{(1)}(t) \times \rho_{i,k}^{(2)}(t)$，$\rho_{i,j}^{(1)}(t) \in \{0, 1\}$（$j=0, 1$），$\rho_{i,k}^{(2)}(t) \in \{0, 1\}$（$k=1, 2, \cdots, K$）。$\rho_{i,j}^{(1)}(t)$表示传输路径决策，$\rho_{i,j}^{(2)}(t)$表示子信道分配决策。因此，系统的总决策$V(t)$可重写为$V'(t)$，其表达式如式(6-31)所示。

$$V'(t) = \begin{bmatrix} p_1^F(t), p_2^F(t), \cdots, p_i^C(t), \cdots, p_N^F(t), \rho_{1,j}^{(1)}(t), \\ \rho_{2,j}^{(1)}(t), \cdots, \rho_{N,j}^{(1)}(t), \rho_{1,k}^{(2)}(t), \rho_{2,k}^{(2)}(t), \cdots, \rho_{N,k}^{(2)}(t) \end{bmatrix} \quad (6\text{-}31)$$

将问题 **P2** 中的复合变量分解，可以转化为下面包含了$\rho_{i,j}^{(1)}(t)$和$\rho_{i,j}^{(2)}(t)$的 **P3**，表达式如式(6-32)所示。

$$\textbf{P3:} \min_{V'(t)} \sum_{i \in N} \{B_i(t)[e_i(t) - E_{i,\text{total}}(t)]\} + VE[WD_{\text{total}}(t) \mid \boldsymbol{B}(t)]$$

$$(6\text{-}32)$$

满足的约束条件如式(6-33)至式(6-36)所示。

$$\text{式}(6\text{-}23\text{a})、\text{式}(6\text{-}23\text{b})、\text{式}(6\text{-}23\text{g})、\text{式}(6\text{-}24) \quad (6\text{-}33)$$

$$\rho_{i,j}^{(1)}(t) \in \{0, 1\} \ (j=0, 1) \quad (6\text{-}34)$$

$$\sum_{j=0}^{1} \rho_{i,j}^{(1)}(t) = 1 \quad (6\text{-}35)$$

$$\rho_{i,k}^{(2)}(t) \in \{0, 1\} \ (k=1, 2, \cdots, K) \quad (6\text{-}36)$$

上述问题中的 $E_{i,\,\mathrm{total}}(t)$ 和 $WD_{\mathrm{total}}(t)$ 的表达式可以用式(6-37)、式(6-38)表示,其中包含变量 $\rho_{i,j}^{(1)}(t)$ 和 $\rho_{i,j}^{(2)}(t)$。式(6-37)为式(6-16)的特定形式,式(6-38)为式(6-20)的特定形式,都是将原式中复杂的复合决策变量 $\rho_{i,j,k}(t)$ 分解为低维的传输路径决策变量 $\rho_{i,j}^{(1)}(t)$ 和子信道分配决策变量 $\rho_{i,j}^{(2)}(t)$,以简化算法的复杂度,减少问题的维度和搜索空间的大小,使得 Lyapunov 优化算法的计算过程更加可控和可靠。

$$
\begin{aligned}
E_i^{\mathrm{total}}(t) =\ & E_i^M(t) + E_i^{\mathrm{up}}(t) \\
=\ & \kappa_i \frac{1}{u_i - \lambda_i(t)(1 - p_i^C(t))} + \\
& \sum_{k=1}^K \rho_{i,1}^{(1)}(t) p_{i,k}^M(t) D_{i,M}^{\mathrm{up}}(t) + \sum_{k=1}^K \rho_{i,0}^{(1)}(t) p_{i,k}^S(t) D_{i,S}^{\mathrm{up}}(t) \\
=\ & \kappa_i \frac{1}{u_i - \lambda_i(t)(1 - p_i^C(t))} + \\
& \sum_{k=1}^K \rho_{i,1}^{(1)}(t) p_{i,k}^M(t) \frac{\lambda_i(t)\tau\beta_i p_i^C(t)}{\displaystyle\sum_{k=1}^K \rho_{i,k}^{(2)}(t) B \log_2\!\left(1 + \dfrac{p_{i,k}^M(t) h_{i,k}^M(t)}{\displaystyle\sum_{l=1,\,l\neq i}^N \rho_{l,0}^{(1)}(t)\rho_{l,k}^{(2)}(t) p_{l,k}^S(t) h_{l,k}^M(t) + \sigma^2}\right)} + \\
& \sum_{k=1}^K \rho_{i,0}^{(1)}(t) p_{i,k}^S(t) \frac{\lambda_i(t)\tau\beta_i p_i^C(t)}{\displaystyle\sum_{k=1}^K \rho_{i,k}^{(2)}(t) B \log_2\!\left(1 + \dfrac{p_{i,k}^S(t) h_{i,k}^S(t)}{\displaystyle\sum_{l=1,\,l\neq i}^N \rho_{l,1}^{(1)}(t)\rho_{l,k}^{(2)}(t) p_{l,k}^M(t) h_{l,k}^S(t) + \sigma^2}\right)}
\end{aligned}
\tag{6-37}
$$

$$
WD_{\mathrm{total}}(t) = \sum_{i=1}^N \frac{1}{N}\omega_i \left\{
\begin{aligned}
&(1 - p_i^C(t)) D_i^M(t) + \\
&p_i^C(t) \left\{
\begin{aligned}
&\rho_{i,0}^{(1)}(t) D_{i,S}(t) + \\
&\rho_{i,1}^{(1)}(t) D_{i,M}(t) + D^C(t)
\end{aligned}
\right\}
\end{aligned}
\right\}
$$

$$
= \sum_{i=1}^{N} \frac{1}{N} \omega_i \left\{
\begin{array}{l}
(1 - p_i^C(t)) \dfrac{1}{u_i - \lambda_i(t)(1 - p_i^C(t))} + \\[3mm]
p_i^C(t) \rho_{i,1}^{(1)}(t) \dfrac{\lambda_i(t) \tau \beta_i p_i^C(t)}{\displaystyle\sum_{k=1}^{K} \rho_{i,k}^{(2)}(t) B \log_2 \left(1 + \dfrac{p_{i,k}^M(t) h_{i,k}^M(t)}{\displaystyle\sum_{l=1, l \neq i}^{N} \rho_{l,0}^{(1)}(t) \rho_{l,k}^{(2)}(t) p_{l,k}^S(t) h_{l,k}^M(t) + \sigma^2} \right)} + \\[3mm]
p_i^C(t) \rho_{i,0}^{(1)}(t) \left(\zeta \lambda_i(t) \tau \beta_i p_i^C(t) + \dfrac{\lambda_i(t) \tau \beta_i p_i^C(t)}{\displaystyle\sum_{k=1}^{K} \rho_{i,k}^{(2)}(t) B \log_2 \left(1 + \dfrac{p_{i,k}^S(t) h_{i,k}^S(t)}{\displaystyle\sum_{l=1, l \neq i}^{N} \rho_{l,1}^{(1)}(t) \rho_{l,k}^{(2)}(t) p_{l,k}^M(t) h_{l,k}^S(t) + \sigma^2} \right)} \right) + \\[3mm]
p_i^C(t) \dfrac{2u^C(1 - l_C(t)) - \displaystyle\sum_{i=1}^{N} \lambda_i(t) p_i^C(t)}{2u^C(1 - l_C(t)) \left[u^C(1 - l_C(t)) - \displaystyle\sum_{i=1}^{N} \lambda_i(t) p_i^C(t) \right]}
\end{array}
\right\}
$$

$$(6-38)$$

P3 采用 SAGA 求解。SAGA 是模拟退火算法(simulated annelaing, SA)和遗传算法(genetic algorithm, GA)的完美结合。通常，GA 的局部搜索能力较差，但对整个搜索过程的把握能力较强。相反，SA 具有很强的局部搜索能力，可以防止搜索过程陷入局部最优。但其对整个搜索空间的了解较少，使其效率不高。通过两者的结合，GA 和 SA 可以互相学习，取长补短。这是 SAGA 的基本思想。

SAGA 的主要框架是 GA，GA 在执行的过程中会进行 n 次迭代，每次迭代会生成若干条染色体。适应度函数将对本次迭代中产生的所有染色体进行评分，评估这些染色体的适应度，然后剔除适应度低的染色体，只保留适应度高的染色体。因此，经过几次迭代，染色体的质量会越来越好。本书的适应度函数如式(6-39)所示。

$$
f_i(t) = - \left(\sum_{i \in \mathcal{N}} \{ B_i(t) [e_i(t) - E_{i,\text{total}}(t)] \} + VE[WD_{\text{total}}(t) \mid \boldsymbol{B}(t)] \right)
$$

$$(6-39)$$

由于 SAGA 迭代的方向是适应度函数值大的方向，而模型需要最小值，所以取相反的数值。本书所提的 SAGA 分为以下几个步骤。

步骤 1：初始化。初始温度 T_0，终止温度 T_{final}，退火速率 w，每个 T 下的内圈循环数 L，问题 **P2** 的 $2r$ 个初始解[换句话说，采用随机方法求出满足式(6-33)至式(6-36)等条件的 **P3** 的 $2r$ 个解，将其作为初始组，得到组的适应度，即 **P3** 的目标函数值]；介于[0，1]之间的随机数 σ，交叉操作 $\hbar$，突变运算 γ 使 $T=T_0$。

步骤 2：如果 $T>T_{\text{final}}$，执行以下步骤(步骤 3、4、5)；否则，返回使适应度值最小的最优解。

步骤 3：对于每个 T，对于 $i=0$，1，$\cdots$，L，执行以下步骤(步骤 4，5)；否则，令 $T=w\,T$，返回步骤 2。

步骤 4：① 在包含了 $2r$ 个个体的组中随机组合 r 对父本；

② 对每对父本 $P_m(m=1，2，\cdots，r)$，包括 $P_m^{(1)}$ 和 $P_m^{(2)}$，做以下两步；

③ 利用交叉操作 w 和突变操作 $\hbar$，生成子代 $Q_m^{(1)}$ 和 $Q_m^{(2)}$，计算 $Q_m^{(1)}$ 和 $Q_m^{(2)}$ 的适应度，记为 $f_{Q_m^{(1)}}$ 和 $f_{Q_m^{(2)}}$；

④ 如果 $f_{P_m^{(w)}}>f_{Q_m^{(w)}}$，$w=1，2$，用 $Q_m^{(w)}$ 代替 $P_m^{(w)}$；否则，计算 $\exp\left(\dfrac{f_{Q_m^{(w)}}-f_{P_m^{(w)}}}{T}\right)$，如果 $\sigma<\exp\left(\dfrac{f_{Q_m^{(w)}}-f_{P_m^{(w)}}}{T}\right)$，就接受 $Q_m^{(w)}$，否则维持 $P_m^{(w)}$。

步骤 5：回到步骤 3。

◆◇ 6.4　动态信道的问题表述与算法设计

前一节研究了时隙期间稳定的无线信道，目的是最小化系统在 T 个时隙期间的平均执行延迟，推导出 Lyapunov 漂移加惩罚函数，将决策变量 $\rho_{i,j,k}(t)$ 划分为路径决策和子信道分配决策，最后通过 SAGA 算法求解出所提出问题的最优解。本节将研究时隙期间的动态信道。

6.4.1　动态信道的问题表述

与前一节类似，本节中的移动设备仍然具有这些分段衰落块的信道功率增益的先验知识。类似地，假设移动设备在确定性衰落块期间选择两种分配模式中的一种来卸载请求。但对于动态信道情况，假设在时隙内存在 M 个信道衰落块，块持续时间 T_c，满足 $MT_c = T$ 的条件。为了得到最优卸载概率、每个衰落块的传输路径和子信道分配方案，利用了主从模型。主要问题的表述如下。

从问题：给定固定的卸载概率、子信道功率增益和剩余能量。从问题的目的是在单个衰落块（如衰落块 m）上寻求最优的传输路径和子信道分配方案，其公式是为了使系统中所有移动设备的平均请求传输时间最短。从问题如式（6-40）所示。

$$\min_{\rho_{i,j,k}^{(m)}(\tau_c^m)} \frac{1}{N} \sum_{i=1}^{N} \omega_i \left\{ \sum_{r=1}^{M} \left(\max_{k \in K} \{\rho_{i,0,k}^{(m)}(\tau_c^m)\} D_{i,S}(\tau_c^m) + \max_{k \in K} \{\rho_{i,1,k}^{(m)}(\tau_c^m)\} D_{i,M}(\tau_c^m) \right) \right\}$$

$$= \frac{1}{N} \sum_{i=1}^{N} \omega_i \sum_{r=1}^{M} \left\{ \begin{array}{l} \max_{k \in K} \{\rho_{i,0,k}^{(m)}(\tau_c^m)\} \\ \left(\zeta \lambda_i(t) \tau \beta_i p_i^F(\tau_c^m) + \dfrac{\lambda_i(t) \tau \beta_i p_i^F(\tau_c^m)}{\sum_{k=1}^{K} \rho_{i,0,k}(\tau_c^m) B \log_2 \left(1 + \dfrac{p_{i,k}^S(\tau_c^m) h_{i,k}^S(\tau_c^m)}{\sum_{l=1, l \neq i}^{N} \rho_{l,1,k} p_{l,k}^M(\tau_c^m) h_{l,k}^S(\tau_c^m) + \sigma^2} \right)} \right) + \\ \max_{k \in K} \{\rho_{i,1,k}^{(m)}(\tau_c^m)\} \\ \dfrac{\lambda_i(t) \tau \beta_i p_i^F(\tau_c^m)}{\sum_{k=1}^{K} \rho_{i,1,k}(\tau_c^m) B \log_2 \left(1 + \dfrac{p_{i,k}^M(\tau_c^m) h_{i,k}^M(\tau_c^m)}{\sum_{l=1, l \neq i}^{N} \rho_{l,0,k} p_{l,k}^S(\tau_c^m) h_{l,k}^M(\tau_c^m) + \sigma^2} \right)} \end{array} \right\}$$

（6-40）

满足的约束条件如式（6-41a）至式（6-41c）所示。

$$\rho_{i,j,k}^{(m)}(\tau_c^m) \in \{0, 1\}, \quad i = 1, 2, \cdots, m; \ k = 1, \cdots, K; \ m = 1, \cdots, M$$

（6-41a）

$$\sum_{j=0}^{1} \rho_{i,j,k}^{(m)}(\tau_c^m) = 1$$

（6-41b）

$$E_{i,m}^{\mathrm{up}}(t) \leqslant \hat{B}_i(t) - \sum_{v=1}^{m-1} E_{i,v}^{\mathrm{up}}(t) - E_i^M(t)$$

（6-41c）

式中：$E_{i,v}^{\mathrm{up}}(t)$——第 v 个衰落块期间上行链路能量消耗。

主问题：主问题以最小化所有移动设备节点和所有时隙的执行延迟为目标，研究不同面向块的最优卸载概率分配问题。设 m 为衰落块的索引。在求解从问题的基础上，将求解不同衰落块上最优卸载概率分配的主问题如式（6-42）所示。

$$\min_{p_i^C(\tau_c^m)} \lim_{T \to \infty} \frac{1}{T} \sum_{t=0}^{T-1} \frac{1}{N} \sum_{i=1}^{N} \omega_i \left\{ \sum_{m=1}^{M} p_i^C(\tau_c^m) D_i^{\mathrm{up}}(\tau_c^m) + (1 - p_i^C(t)) D_i^M(\tau_c^m) \right\}$$

$$(6-42)$$

满足的约束条件如式（6-43a）至式（6-43d）所示。

$$\sum_{r=1}^{M} p_i^C(\tau_c^m) = p_i^C(t) \tag{6-43a}$$

$$0 \leqslant p_i^C(\tau_c^m) \leqslant 1 \tag{6-43b}$$

$$E_i^{\mathrm{total}}(t) = \sum_{r=1}^{M} E_{i,m}^{\mathrm{up}}(t) + E_i^M(t) \leqslant \hat{B}_i(t) \tag{6-43c}$$

$$\hat{B}_i(t+1) = \hat{B}_i(t) - E_i^{\mathrm{total}}(t) + e_i(t) \tag{6-43d}$$

6.4.2　动态信道的算法设计

对于从问题，再次使用了模拟遗传算法。首先，将变量 $\rho_{i,j,k}^{(m)}(\tau_c^m)$ 分解为 $\rho_{i,j,k}^{(m)}(\tau_c^m) = \rho_{i,j}^{(m)(1)}(\tau_c^m) \rho_{i,k}^{(m)(2)}(\tau_c^m)$。$\rho_{i,j}^{(m)(1)}(\tau_c^m)$ 表示衰落块 m 处 $MD\ i$ 的传输路径决策，$\rho_{i,j}^{(m)(1)}(\tau_c^m) \in \{0, 1\}$，$\sum_{j=0}^{1} \rho_{i,j}^{(m)(1)}(\tau_c^m) = 1$，$j = \{0, 1\}$。$\rho_{i,k}^{(m)(2)}(\tau_c^m)$ 表示衰落块 m 处 $MD\ i$ 的子信道分配决策，$\rho_{i,k}^{(m)(2)}(\tau_c^m) \in \{0, 1\}$，$k = 1, 2, \cdots, K$。

其次，需要初始化几个参数，如初始温度 T_0'；终止温度 T_{final}'；退火速率 w，每个 T 下的内循环次数 L，从问题的 $2r$ 个初始解，群的适应度；[0, 1] 之间的随机数 σ；交叉操作 $\hbar$，突变操作 γ。

本书提出的算法如下。

算法 6-2　一种动态信道的算法

1：初始化

2：T_0'，T_{final}'，$\mathcal{W}$，L，$2r$ 个初始解和对应的适应度，σ，$\hbar$，γ，$T=T_0'$

3：If($T<T_{\text{final}}'$)，then

4：　　For $i=0$, 1, $\cdots$, L,　do

5：　　　　(1)在包含 $2r$ 个个体的群体中组合 r 对父本

6：　　　　(2)For $R=1$, 2, $\cdots$, m, $\cdots$, r, do：

7：　　　　　　(a1)对于包括了 $P_m^{(1)}$ 和 $P_m^{(2)}$ 的父本 P_m，计算 $P_m^{(1)}$ 和 $P_m^{(2)}$ 的适应度，记为 $f_{P_m^{(1)}}$ 和 $f_{P_m^{(2)}}$

8：　　　　　　(a2)用交叉操作 $\hbar$ 和突变操作 γ 产生后代 $Q_m^{(1)}$ 和 $Q_m^{(2)}$，计算二者的适应度，记为 $f_{Q_m^{(1)}}$ 和 $f_{Q_m^{(2)}}$

9：　　　　　　(a3)if　$f_{P_m^{(w)}}>f_{Q_m^{(w)}}$，$w=1$, 2，用 $Q_m^{(w)}$ 替换 $P_m^{(w)}$

10：　　　　　　　　else if　$\sigma<\exp((f_{Q_m^{(w)}}-f_{P_m^{(w)}})/T)$，接受 $Q_m^{(w)}$

11：　　　　　　　　else　维持 $P_m^{(w)}$

12：　　　　　　　　end if

13：　　　　　　(a4)将选好的解决方案汇集在一起

14：　　　　end For

15：　　　$T=\alpha T$

16：　　end For

17：else　取最小的解即最优解返回主问题

利用上述算法得到从问题的最优解，下一步的目标是解决主问题。首先求解一个确定时间段的执行策略；然后用同样的方法得到一组时间段的执行策略，并观察这些策略的变化趋势。可以将主问题及其约束条件简化为 **P4**，如式 (6-44) 所示。

$$\textbf{P4}: \min_{p_i^C(\tau_c^m)} \frac{1}{N}\sum_{i=1}^{N} w_i \left(\sum_{r=1}^{M} A\left[p_i^C(\tau_c^m) \right]^2 + \frac{1-\sum_{r=1}^{M} p_i^C(\tau_c^m)}{u_i - \lambda_i(t)\left(1-\sum_{r=1}^{M} p_i^C(\tau_c^m) \right)} \right)$$

$$(6-44)$$

满足的约束条件如式(6-45)至式(6-47)所示。

$$0 \leqslant \sum_{r=1}^{M} p_i^C(\tau_c^m) \leqslant 1 \tag{6-45}$$

$$0 \leqslant p_i^F(\tau_c^m) \leqslant 1 \tag{6-46}$$

$$E_i^{\text{total}}(t) = \sum_{m=1}^{M} E_{i,m}^{\text{up}}(t) + E_i^M(t) \in \left[E_i^{\min}(t), E_i^{\min}(t) \right] \tag{6-47}$$

A 是一个常数，根据 $MD\ i$ 在时隙 t 的衰落块 m 中选取的传输路径不同，A 的值也会有所不同。当 $MD\ i$ 在时隙 t 的衰落块 m 选择小基站进行上行链路传输时，A 的值如式 (6-48) 所示。

$$A = \zeta \lambda_i(t) \tau \beta_i + \cfrac{\lambda_i(t) \tau \beta_i}{\displaystyle\sum_{k=1}^{K} \rho_{i,0,k}(\tau_c^m) B \log_2 \left(1 + \cfrac{p_{i,k}^S(\tau_c^m) h_{i,k}^S(\tau_c^m)}{\displaystyle\sum_{l=1,l\neq i}^{N} \rho_{l,1,k} p_{l,k}^M(\tau_c^m) h_{l,k}^S(\tau_c^m) + \sigma^2} \right)} \tag{6-48}$$

当 $MD\ i$ 在时隙 t 的衰落块 m 选择宏基站进行上行链路传输时，A 的值如式 (6-49) 所示。

$$A = \cfrac{\lambda_i(t) \tau \beta_i}{\displaystyle\sum_{k=1}^{K} \rho_{i,1,k}(\tau_c^m) B \log_2 \left(1 + \cfrac{p_{i,k}^M(\tau_c^m) h_{i,k}^M(\tau_c^m)}{\displaystyle\sum_{l=1,l\neq i}^{N} \rho_{l,0,k} p_{l,k}^S(\tau_c^m) h_{l,k}^M(\tau_c^m) + \sigma^2} \right)} \tag{6-49}$$

通过对 **P4** 的分析可以看出，这是一个非线性优化规划，可以用 SQP 方法来求解。它是求解约束非线性优化问题最有效的方法之一。与其他算法相比，SQP 方法结合了牛顿法和约束优化的思想，具有收敛性好、计算效率高、稳定性高、边界搜索能力强等优点。

算法步骤如下。

步骤 1：初始化。初始化可行值 $p_0^C(\tau_c^m)$，收敛精度 ε，初始矩阵 $\boldsymbol{H}^0$ 为单位矩阵，$k=0$。

步骤 2：将原问题 **P4** 简化为 $p^C_{(k)}(\tau^m_c)$ 处的二次规划问题 **P5**。

步骤 3：求解 **P5**，得到最优解 $S^*_{(k)}(\tau^m_c)$，令 $S_k = S^*_{(k)}(\tau^m_c)$。

步骤 4：在 S_k 方向上，对原问题 **P4** 做一维搜索，得到步长 α_k。

步骤 5：迭代。$p^C_{(k+1)}(\tau^m_c) = p^C_{(k)}(\tau^m_c) + \alpha_k S_k$。

步骤 6：终止确定。如果 $p^C_{(k)}(\tau^m_c) \leqslant \varepsilon$，则返回最优解 $p^C_{(k)}(\tau^m_c)$，否则返回步骤 5，继续迭代。

步骤 7：根据 DFP 拟牛顿方法或 BFGS 拟牛顿方法修改 H^{k+1}，使 $k = k+1$，然后返回步骤 2。

利用上述 SQP 方法，可以得到主问题在 t 个时隙内每个衰落块的最优卸载分配方案的解。

6.4.3 Lyapunov 优化和 SAGA 的计算复杂度分析

通过对上述公式的综合分析可知，Lyapunov 优化算法的计算时间复杂度可以表示为 $O(N{\times}D + Max\_iter{\times}D{\times}N)$。其中，$N$ 表示系统中移动设备的个数，D 表示 **P2** 的变量维度，Max_iter 表示算法的最大迭代次数，这里 $Max\_iter = T$，表示时隙的个数。

SAGA 的计算复杂度取决于三个部分，即初始化，SA 算法、GA 算法和适应度计算。下面将分别对其进行分析。

① 对于 $2r$ 个搜索代理，每个搜索代理评估适应度值，因此初始化过程的计算复杂度为 $O(2r{\times}D_1)$。其中，D_1 表示 **P3** 的变量维数。

② SA 的计算时间复杂度为 $O(L{\times}Max\_iter1{\times}D_1)$。其中，$L$ 为每个 T 下的内循环次数，Max_iter1 表示算法终止所需的最大循环次数，D_1 表示 **P3** 的变量维数。由于算法的终止条件表示为 $T > T_{\text{final}}$ 且算法的每轮迭代均满足 $T = \omega T$，可以得到 $Max\_iter1 \leqslant (T_{\text{final}}/T)\hat{\,}(1/\omega)$。因此，模拟退火算法这一过程中总的计算时间复杂度为 $O(L{\times}(T_{\text{final}}/T)\hat{\,}(1/\omega){\times}D_1)$。

③ 因为每一次需要 r 对个体进行交叉和变异，每次均会产生 r 对新的个体，且 r 对个体中的每个个体都需要进行拟合。由于遗传算法是在模拟退火算法的循环过程中退火的，因此遗传算法这一过程的计算时间复杂度是 $O(L{\times}(T_{\text{final}}/T)\hat{\,}(1/\omega){\times}2r{\times}D_1)$。

综上所述，SAGA 的总计算复杂度如式（6-50）所示。

$$O(2r{\times}D_1 + L{\times}(T_{\text{final}}/T)\hat{\,}(1/\omega){\times}D_1 + L{\times}(T_{\text{final}}/T)\hat{\,}(1/\omega){\times}2r{\times}D_1) \quad (6-50)$$

◈ 6.5　仿真分析

这一部分基于 MATLAB 模拟器对所提出的资源分配和计算卸载方案在 5G MEC 异构网络中的性能进行了评估。参数如表 6-1 所列。请注意，假设的参数对于实际应用来说有点简单，但它可能是未来深入分析复杂数据的一个良好开端。

表 6-1　性能评估参数

符号	参考值	含义
r	100	SAGA 的人口规模
L	10000	SAGA 的最大迭代次数
$\hbar$	0.6	SAGA 的交叉概率
γ	0.02	SAGA 的突变概率
w	0.01	SA 的温度衰减系数
T_{final}	0	SA 的终止温度
τ	1	每个时隙的长度
β_i	5 kB	$MD\ i$ 请求数据的大小
σ^2	0.05	背景噪声功率
V	1000	控制参数
ζ	0.01	回程的比例因子
u^C	1	MEC 服务器服务速率
f_i	2 GHz	$MD\ i$ 的 CPU 周期频率

首先，图 6-2 分析了移动设备数量对不同子信道数下平均执行延迟的影响。由图 6-2 可以看出，当信道数量一定时，随着移动设备数量的增加，由于越来越多的移动设备对有限的传输资源和云资源的竞争，平均执行延迟也会增加。而且，子信道数量越多，平均执行延迟越小，传输速率越高。

接下来，研究子信道数量在不同数量的移动设备下对平均执行延迟的影响。从图 6-3 任意曲线中可以看出，当移动设备数量一定时，随着子信道数量增加，系统平均执行延迟减小。而且，对比图 6-3 中三条曲线的变化趋势可以得出，随着移动设备数量的增加，平均执行延迟也会随之增加。不难发现，图 6-2 和图 6-3 是一致的。

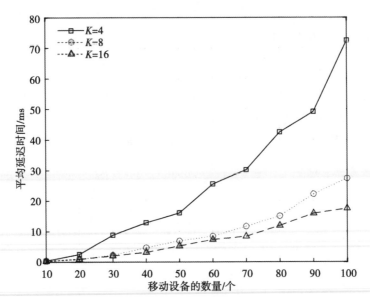

图 6-2　静态信道下移动设备数量对平均执行延迟的影响

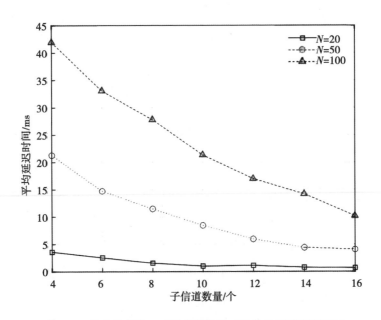

图 6-3　静态信道情况下子信道数量对平均执行延迟的影响

然后，假设在时隙中有 100 个信道衰落块，对动态信道进行研究。我们调查了移动设备的数量在不同的子信道数量下对整个系统平均能耗的影响。从图 6-4 中可以看出，当信道数量固定时，随着移动设备数量的增加，越来越多的移动设备争夺有限的传输资源和计算资源，整个系统的平均能耗增加。此外，随着子信道数量的增加，30 个移动设备以内的能耗差距不明显，这是因为网络环境并不拥挤。但是，当移动设备数量超过 30 个后，差距越来越显著，这是因为网络环境越来越拥挤，并且设备之间存在消耗能量的竞争关系，这可以通过图 6-4 来体现。

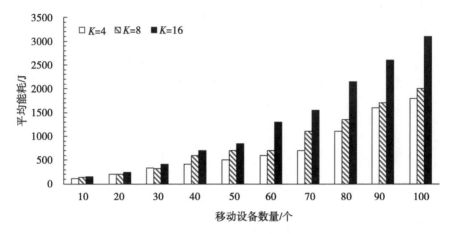

图 6-4　动态信道情况下移动设备数量对平均能耗的影响

还研究了子信道的数量在不同数量的移动设备下对整个系统的平均能耗的影响，如图 6-5 所示。可以看出，当移动设备的个数为 100 个时，随着子信道数量的增加，整个系统的平均能耗因拥挤的网络会出现明显上升的情况；但当移动设备的数量分别为 50 个和 20 个时，由于网络环境相对不拥挤，这种情况并未出现，整个系统的平均能耗的提升幅度较小，变化不大。此外，通过图 6-5 还可以发现，随着移动设备数量的增加，整个系统的平均能耗也随之增加。

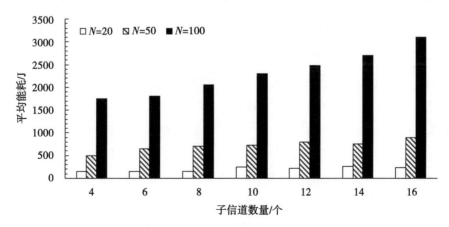

图 6-5　动态信道情况下子信道数量对平均能耗的影响

图 6-6 显示了与迭代次数相关的适应度值变化情况。从图中可以看出，随着迭代次数的增加，模型的适应度函数的值增加，并且在区间$[0, 1000]$处增加得更快。当通道数为 8 时，移动设备的数量越多，适应度函数的值也就越高。其中，移动设备数量为 100 个时的曲线增长最快，随迭代次数的增加，最终收敛到 $9.35×10^5$，其他两条曲线增长缓慢，分别最终收敛到 $2.05×10^5$ 和 $0.09×10^5$。出现这种现象的原因是当网络中移动设备的数量相对较少时，模型的计算量相对较小，并且可以快速收敛，从 $K=8$，$N=20$ 的曲线可以看出；相反，当网络中移动设备的数量较大时，模型的计算量随之增加，模型的收敛需要更多的迭代次数，因此收敛速度相对较慢，如图 6-6 中 $K=8$，$N=100$ 的曲线所示。

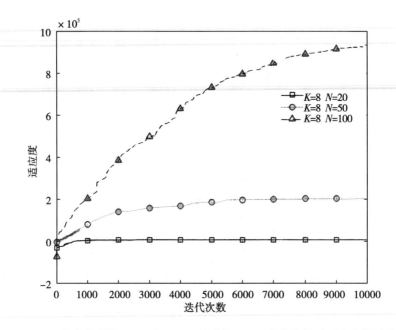

图 6-6　静态信道情况下，在不同子信道数目下，迭代次数对适应度的影响

图 6-7 展示了随子信道数量和迭代次数的变化适应度值的变化情况。从图中可以看出，随着迭代次数的增加，模型的适应度增加，并且在区间$[0, 1000]$处，随着迭代次数的增加，适应度增加得更快。当移动设备的数量为 50 个时，子通道的个数越少，适应度值越高。其中，通道数为 4 的曲线增长较快，收敛到 $2.59×10^5$；另外两条曲线增长较慢，分别收敛到 $2.05×10^5$ 和 $1.58×10^5$。同样，在网络中移动设备数量一定的情况下，当可以使用的通道数量相对较少时，模型的计算量相对较少，因此收敛速度较快，如图中 $K=4$ 曲线；当可以使用的信道数增加时，模型所需的计算量增加，收敛需要更多的迭代，因此收敛速度

逐渐减慢, 从图 6-7 中的 $K=8$ 和 $K=16$ 曲线可以看出。

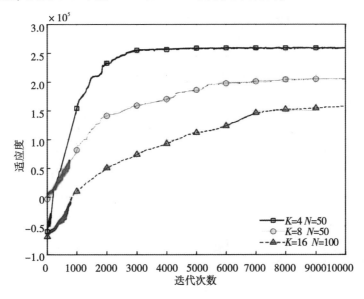

图 6-7　动态信道情况下, 在不同子信道数目下, 迭代次数对适应度值的影响

最后, 将该方案与现有的遗传算法、模拟退火算法等方案进行了比较。如图 6-8 所示。随着迭代次数的增加, 不难发现本书提出的 SAGA 算法在适应度方面具有更好的系统性能, 这是由于 SAGA 具有更强大的局部和全局搜索能力, 克服了 SA 和 GA 的缺点。

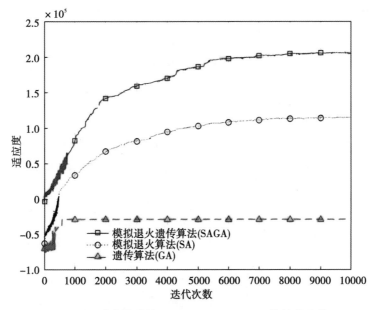

图 6-8　动态信道情况下 SAGA, SA, GA 的性能比较

◆◇ 6.6 本章小结

本章在具有多个能量收集功能的移动设备 5G MEC 异构网络中，提出了综合考虑时隙中静态和动态子信道的计算卸载和资源分配方案。对于静态子信道，首先，得到原问题的 Lyapunov 漂移与惩罚函数，并给出连续时隙的动态算法。其次，对于确定性时隙，通过将复合决策变量组合为两个简单变量，用 SA-GA 求出上界最小值，也是原问题最优解。对于动态子信道，采用主从问题模型。从问题的目的是通过 SAGA 算法得到确定性衰落块最优资源分配方法，主问题是用 SQP 方法在不同衰落块上获得最优的卸载概率分配。最后，进行绩效评价，验证所提方案的有效性和优越性。未来将研究拓扑请求的动态计算卸载问题，如线性拓扑或树形拓扑请求，其难点在于处理子请求之间的耦合关系。

第7章 具有多信道的车联网动态计算卸载策略的研究

◆◇ **7.1 引言**

近年来，车联网技术发展迅速，受到了人们的广泛关注。车联网是物联网的一部分，它能够利用无线通信技术，实现车与车、车与路、车与人、车与城市等实时联网，实现信息互联互通，全面融合。车联网可以通过一切感知设备来感知车辆状态以及周围环境信息，并通过本地、边缘、云端处理单元的控制完成一系列操作，并在新一代互联网技术、大数据、人工智能的加持下，实现智能化的出行方式，智能化交通管控。

随着车联网技术的进一步发展，移动边缘计算面临着越来越多的风险和挑战。车联网能够根据收集到的数据规划路线，避免拥堵和交通事故，并定时对车辆进行安全排查，提高安全性能，并加入社区互动，提高驾驶者的驾驶体验。但是，随着海量的感知数据的传输，给通信、计算带来了巨大的压力，用户个人隐私数据的存储越来越需要安全防护。随着"恶意设备"的接入，数据的安全问题受到严重挑战。

为了设计高效的任务卸载和数据缓存策略，本章提出了 MEC 支持的车联网系统中的任务卸载和资源分配方案，包括执行模式的选择、数据传输路径、子通道的分配、缓存和缓存更新策略。具体来说，下行链路相关数据或上行链路卸载数据可通过宏基站或路基单元(Road Side Unit)进行传输。由于缓存容量的限制，边缘服务器上将部分相关数据进行缓存，并在每个时隙结束时根据缓存更新策略删除使用频率较少的相关数据库缓存数据，保存或添加使用频繁的相关数据。此外，本章还考虑了两种不同的情况，即非高峰时段和高峰时段。在这两种情况下，执行模式是不同的，相对应的解决策略也是不同的。在非高峰时段，由于子通道或边缘服务器的计算资源相对充足，车辆任务可以直接通过子通道将计算任务卸载到边缘服务器执行，平均执行时延最小化问题被模拟为一个整数规划问题，并通过 SAGA 求解。在高峰时段，考虑到信道较为繁忙，车辆的计算任务既可以在本地执行，也可以通过子通道卸载到边缘服务器上，此时的问题更为复杂，采用深度 Q 网络来解决。最后，本章进行了一系列仿真实验，以证明所提方案的效率。

◆◇ 7.2 系统模型

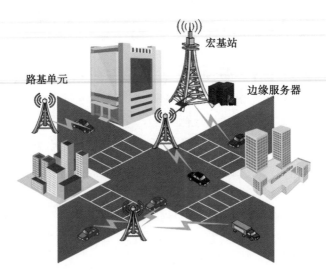

图 7-1 支持 MEC 的 IoV 网络的系统模型

本节研究一个支持 MEC 的 IoV 网络模型。该系统模型由 4 个部分组成：支持 MEC 的车联网网络模型、请求模型、能量收集模型和缓存模型。下面将对其进行具体介绍。

（1）支持 MEC 的车联网网络模型。

图 7-1 研究了一个支持 MEC 的 IoV 网络，其中包括 N 个车辆、一些路基单元（road side unit，RSU）、一个部署在十字路口附近并配备 MEC 服务器的 MBS和中心云。在这个系统中，RSU 的服务区被 MBS 覆盖，即 MBS 和 RSU 都在同一频段内工作。RSU 负责向车辆或 MBS 发送和接收数据，MBS 可视为小型基站（SBS）。RSU 和车辆之间的频谱被划分为 K 个相同的子信道，子信道的集合

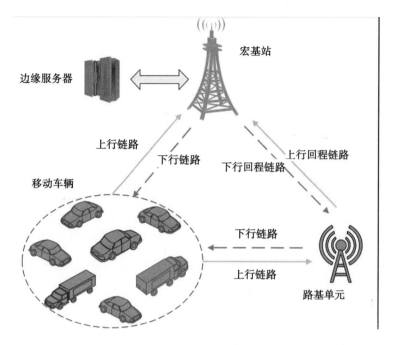

图 7-2　系统的具体执行处理

表示为 $\mathcal{K}=\{1,2\cdots,k,\cdots,K\}$，其中 $|\mathcal{K}|=K$。假设子信道是基于 OFDMA 的，并且带宽是相同的，可以表示为 B。RSU 和 MBS 之间的回程用于中继从 RSU 到 MBS 的传输。MEC 服务器可以代表车辆执行计算请求。此外，MEC 服务器具有缓存功能，最大缓存空间为 $\mathcal{O}$，可以存储部分请求的数据库数据，有助于任务处理的加速。车辆可以通过 MBS 或 RSU 将计算请求卸载到 MEC 服务器，但只能选择一种模式。本系统的具体执行处理如图 7-2 所示，本系统中移动车辆可以根据自身的任务情况，选择链路进行计算任务的卸载传输。本书假设所研究的时间被划分为离散的时隙，时隙表示为 $\mathcal{T}=\{0,1\cdots,t\cdots,T-1\}$，时隙长度为 τ。

（2）请求模型。

在支持 MEC 的车联网中，车辆集合为 $\mathcal{N}=\{1,2,\cdots,N\}$，由 RSU 完全覆盖。对于每辆车，采用全双工通信接口与就近的 RSU 建立无线通信。为了表述的方便，车辆 $i(t)$ 是指在时隙 t 的车辆 i。特别地，车辆 $i(t)$，$i\in\mathcal{N}$ 产生的请求记为 $RE_i(t)$，即 $RE_i(t)=\{\mathcal{C}_i(t),\mathcal{X}_i(t),\mathcal{G}_i(t)\}$，其中 $\mathcal{C}_i(t)$ 表示处理单元请求数据所需 CPU 周期数，请求数据由两部分组成，本地动态收集的数据 $\mathcal{X}_i(t)$ 和相关的数据库数据 $\mathcal{G}_i(t)$。数据 $\mathcal{X}_i(t)$ 仅存储在车辆上，而 $\mathcal{G}_i(t)$ 是计算请求

所必需的,它仅存储在MEC服务器或中心云中,并属于不可更改的数据。每个请求可以在本地执行,也可以通过 RSU 或 MBS 卸载到 MEC 服务器,但只能选择一种模式。此外,假设每个请求是不可分割的,将 $p_i(t) \in \{0, 1\}$ 表示为车辆 $i(t)$ 的卸载策略,其中 $p_i(t) = 0$ 表示请求在本地执行,$p_i(t) = 1$ 表示请求被卸载到 MEC 服务器。

(3)能量收集模型。

在未来的车联网中,能量收集技术将在电动汽车领域得到更广泛的应用。假设能量包到达服从泊松过程,平均速率为 $e_i(t)$,并且满足 $0 < e_i(t) \leqslant e_i^{max}(t)$ 的条件,毫无疑问,$e_i^{max}(t)$ 表示能量包的最大到达速率,它在不同的时隙中是不同的。收集的能量包将存储在车辆的 CPU 电池中,用于本地 CPU 执行、数据接收或请求卸载。令 $\hat{B}_i(t)$ 表示车辆 i 在时隙 t 开始时刻的能量包数量,且有条件约束 $\hat{B}_i(t) < \infty$,$\forall t \in T$。

(4)缓存模型。

本书假设缓存管理是在每个时间间隔内执行的,这与通常情况下缓存更新是在长期范围内进行的情况不同。MEC 服务器会在时隙结束时删除使用较少的相关数据库数据,并保留和添加使用频繁的数据,以提高系统效率,如减少总的执行延迟和能耗等。这样,车辆可以充分利用缓存资源,实时调整执行方案。通常,由于 MEC 服务器缺乏足够的存储空间,数据可能不会缓存到 MEC 服务器上。如果相关数据库数据被缓存,车辆可以直接通过 MBS 或 RSU 从 MEC 服务器下载数据。否则,车辆只能通过 MEC 服务器从云服务器下载,然后在 MBS 或 RSU 的协助下,将数据传输到车辆。假设在时隙 t 开始时,缓存决策可以表示为 $\phi_i(t) \in \{0, 1\}$,其中,$\phi_i(t) = 0$ 表示任务 $RE_i(t)$ 的相关数据没有缓存在 MEC 上,并且 $\phi_i(t) = 1$ 表示相关数据缓存在 MEC 服务器上。假设最大存储空间为 $\mathcal{O}$,数据缓存决策应满足以下限制约束,如式(7-1)所示。

$$\sum_{i \in N} \phi_i(t) \, \mathcal{G}_i(t) \leqslant \mathcal{O} \qquad (7\text{-}1)$$

请求在 MEC 服务器中完成执行后,服务器将在时隙 t 结束时更新其缓存策略。令 $\psi_i(t) \in \{0, 1, -1\}$ 表示请求 $RE_i(t)$ 的缓存更新策略,其中,$\psi_i(t) = 0$ 表示缓存状态保持不变,$\psi_i(t) = 1$ 表示数据将被缓存在 MEC 服务器上,而 $\psi_i(t) = -1$ 表示缓存在 MEC 服务器上的数据将被删除。此外,缓存更新决策满足以下约束，如式 (7-2) 所示。

$$\psi_i(t) \geqslant -\phi_i(t) \tag{7-2}$$

上面公式的含义是 MEC 服务器无法移除未缓存的请求。

缓存状态按以下方式更新，如式 (7-3)、式 (7-4) 所示。

$$\phi_i(t+1) = \phi_i(t) + \psi_i(t) \tag{7-3}$$

$$\sum_{i \in \mathcal{N}} \left(\phi_i(t) + \psi_i(t) \right) \mathcal{G}_i(t) \leqslant \mathcal{O} \tag{7-4}$$

其中，$\phi_i(t+1) \in \{0, 1\}$ 是请求 $RE_i(t)$ 在时隙 $t+1$ 开始时的缓存策略。此外，它不应超过缓存更新后的最大存储空间。

◆◇ 7.3　任务执行过程

7.3.1　本地执行下行传输过程

如果车辆 $i(t)$ 在本地执行请求 $RE_i(t)$，则需要从缓存的 MEC 服务器或云服务器下载相关数据库数据。假设离车辆 $i(t)$ 最近的 RSU 或 MBS 负责相关数据的下载传输。

若车辆 $i(t)$ 需要的相关数据库数据通过最近的 RSU 传输，所选的 RSU 选择子通道 k 访问车辆，则得到下行数据传输速率 $r_{i,k}^{S,\,\text{down}}(t)$，如式 (7-5) 所示。

$$r_{i,k}^{S,\,\text{down}}(t) = B \log_2 \left(1 + \frac{p_{i,k}^{S,\,\text{down}}(t) h_{i,k}^{S,\,\text{down}}(t)}{I_{i,k}^{M,\,\text{down}} + \sigma^2} \right) \tag{7-5}$$

式中：$p_{i,k}^{S,\,\text{down}}(t)$——下行传输功率；

　　　$h_{i,k}^{S,\,\text{down}}(t)$——车辆 $i(t)$ 与工作 RSU 之间的下行信道增益；

　　　σ^2——背景噪声功率；

　　　$I_{i,k}^{M,\,\text{down}}$——子信道 k 上 RSU 的干扰，这是由 MBS 向同一信道上的车辆的其他下行传输引起的。

另外，由于车辆的位置随时间变化，$h_{i,k}^{S,\,\text{down}}(t)$ 的值与车辆 $i(t)$ 到最近的 RSU 之间的距离有关，因此 $h_{i,k}^{S,\,\text{down}}(t) = (d_{i,k}^{S,\,\text{down}}(t))^{\alpha}$，其中 $d_{i,k}^{S,\,\text{down}}(t)$ 表示子信道 k 下行链路上车辆 $i(t)$ 与最近的 RSU 之间的距离，α 表示路径衰落因子。

此外，工作的 RSU 可以选择多个子信道同时处理下行传输，则通过工作的 RSU 的下行总传输速率 $R_i^{S,\,\text{down}}(t)$ 如式(7-6)所示。

$$
\begin{aligned}
R_i^{S,\,\text{down}}(t) &= \sum_{k=1}^{K} \rho_{i,0,k}^{\text{down}}(t)\, r_{i,k}^{S,\,\text{down}}(t) \\
&= \sum_{k=1}^{K} \rho_{i,0,k}^{\text{down}}(t)\, B\log_2\left(1 + \frac{p_{i,k}^{S,\,\text{down}}(t)\, h_{i,k}^{S,\,\text{down}}(t)}{I_{i,k}^{M,\,\text{down}} + \sigma^2}\right)
\end{aligned}
\tag{7-6}
$$

同样，在通过 MBS 传输相关数据库数据的情况下，取任意子信道(如子信道 k)接入车辆 $i(t)$，则下行数据传输速率 $r_{i,k}^{M,\,\text{down}}(t)$ 如式(7-7)所示。

$$
r_{i,k}^{M,\,\text{down}}(t) = B\log_2\left(1 + \frac{p_{i,k}^{M,\,\text{down}}(t)\, h_{i,k}^{M,\,\text{down}}(t)}{I_{i,k}^{S,\,\text{down}} + \sigma^2}\right)
\tag{7-7}
$$

式中：$p_{i,k}^{M,\,\text{down}}(t)$——通过 MBS 的下行传输功率；

$h_{i,k}^{M,\,\text{down}}(t)$——下行信道增益，它与车辆 $i(t)$ 和 MBS 之间的距离有关，可以表示为 $h_{i,k}^{M,\,\text{down}}(t) = (d_{i,k}^{M,\,\text{down}}(t))^{\alpha}$，其中 $d_{i,k}^{M,\,\text{down}}(t)$ 表示距离，α 表示路径衰落因子；

$I_{i,k}^{S,\,\text{down}}$——子信道 k 上 MBS 处所受的干扰，该干扰是由 RSU 在同一子信道上向车辆 $i(t)$ 的其他下行传输引起的；

σ^2——背景噪声功率。

此外，MBS 也可以同时选取多个子信道来传输下行数据，则通过 MBS 的总下行传输速率如式(7-8)所示。

$$
\begin{aligned}
R_i^{M,\,\text{down}}(t) &= \sum_{k=1}^{K} \rho_{i,1,k}^{\text{down}}(t)\, r_{i,k}^{M,\,\text{down}}(t) \\
&= \sum_{k=1}^{K} \rho_{i,1,k}^{\text{down}}(t)\, B\log_2\left(1 + \frac{p_{i,k}^{M,\,\text{down}}(t)\, h_{i,k}^{M,\,\text{down}}(t)}{I_{i,k}^{S,\,\text{down}} + \sigma^2}\right)
\end{aligned}
\tag{7-8}
$$

为了表示方便，引入变量 $\rho_{i,j,k}^{\mathrm{down}}(t)$，称为车辆 $i(t)$ 的相关数据库数据下载指标，包括下行传输路径选择和子信道分配决策。其中，$\rho_{i,j,k}^{\mathrm{down}}(t)=1$ 表示选择通过子信道 k 的模式 j 来完成车辆 $i(t)$ 的相关数据下载；否则 $\rho_{i,j,k}^{\mathrm{down}}(t)=0$。在这里，$i\in\mathcal{N}$，$k\in\mathcal{K}$ 和 $j=\{0,1\}$。$j=0$ 表示通过 RSU 传递，$j=1$ 表示下行通过 MBS 传递。

这样，干扰 $I_{i,k}^{M,\mathrm{down}}$ 的值可以表示为 $I_{i,k}^{M,\mathrm{down}}=\sum\limits_{l=1,\,l\neq i}^{N}\rho_{l,1,k}\,p_{l,k}^{M,\mathrm{down}}(t)\,h_{l,k}^{S,\mathrm{down}}(t)$，对应的干扰 $I_{i,k}^{S,\mathrm{down}}$ 可以表示为 $I_{i,k}^{S,\mathrm{down}}=\sum\limits_{l=1,\,l\neq i}^{N}\rho_{l,0,k}^{\mathrm{down}}\,p_{l,k}^{S,\mathrm{down}}(t)\,h_{l,k}^{M,\mathrm{down}}(t)$。

由于 MBS 和 RSU 之间存在有限的回程，假设回程的传输延迟与数据长度成正比，并以比例因子 ζ 表示。因此，RSU 与车辆 $i(t)$ 之间的回程延迟可表示为 $D_{i,S}^{bh,\mathrm{down}}(t)=\zeta\,\mathcal{G}_i$。

综上所述，通过 RSU 到车辆 $i(t)$ 的下行传输总时间，记为 $D_{i,S}^{\mathrm{down}}(t)$，如式 (7-9) 所示。

$$D_{i,S}^{\mathrm{down}}(t)=D_{i,S}^{bh,\mathrm{down}}+\phi_i(t)\frac{\mathcal{G}_i(t)}{R_i^{S,\mathrm{down}}(t)}+(1-\phi_i(t))\left(\frac{\mathcal{G}_i(t)}{R_i^{S,\mathrm{down}}(t)}+\frac{\mathcal{G}_i(t)}{R_{mc}}\right)\quad(7\text{-}9)$$

也就是说，如果缓存了相关数据库数据，则系统对应的下行传输时间应该为 $D_{i,S}^{bh,\mathrm{down}}+\phi_i(t)\dfrac{\mathcal{G}_i(t)}{R_i^{S,\mathrm{down}}(t)}$，否则由于系统存在缓存，系统中对应的下行传输时间应该为 $D_{i,S}^{bh,\mathrm{down}}+(1-\phi_i(t))\left(\dfrac{\mathcal{G}_i(t)}{R_i^{S,\mathrm{down}}(t)}+\dfrac{\mathcal{G}_i(t)}{R_{mc}}\right)$，其中 R_{mc} 表示从中央云服务器到 MEC 服务器的下行传输速率。

从 MBS 到车辆 i 的总下行传输时间 $D_{i,M}^{\mathrm{down}}(t)$ 如式 (7-10) 所示。

$$D_{i,M}^{\mathrm{down}}(t)=\phi_i(t)\frac{\mathcal{G}_i(t)}{R_i^{M,\mathrm{down}}(t)}+(1-\phi_i(t))\left(\frac{\mathcal{G}_i(t)}{R_i^{M,\mathrm{down}}(t)}+\frac{\mathcal{G}_i(t)}{R_{mc}}\right)\quad(7\text{-}10)$$

式中：$\phi_i(t)\dfrac{\mathcal{G}_i(t)}{R_i^{M,\mathrm{down}}(t)}$ ——在 MEC 服务器缓存数据的情况下，$RE_i(t)$ 相关数据通过 MBS 的下行传输时间；

$$(1-\phi_i(t))\left(\frac{\mathcal{G}_i(t)}{R_i^{M,\,\text{down}}(t)}+\frac{\mathcal{G}_i(t)}{R_{mc}}\right)——相关数据未缓存的情况。$$

综上所述，无论是通过 MBS 还是 RSU，下行总传输时间 $D_i^{\text{down}}(t)$ 均可表示为式(7-11)。

$$D_i^{\text{down}}(t) = \max\{\rho_{i,0,k}^{\text{down}}(t),\, k \in K\} D_{i,S}^{\text{down}}(t) + \max\{\rho_{i,1,k}^{\text{down}}(t),\, k \in K\} D_{i,M}^{\text{down}}(t)$$

$$(7-11)$$

对于式(7-11)，$\max\{*\}$ 是一个判断条件，如 $\max\{\rho_{i,0,k}^{\text{down}}(t),\, k \in K\}=1$，而 $\max\{\rho_{i,1,k}^{\text{down}}(t),\, k \in K\}=0$，则选择 RSU 作为传输路径，相应的下行总传输时间 $D_i^{\text{down}}(t)=D_{i,S}^{\text{down}}(t)$；反之亦然。

那么，接收下行数据的总能耗 $E_i^{\text{down}}(t)$ 如式(7-12)所示。

$$E_i^{\text{down}}(t) = \sum_{k=1}^{K} \rho_{i,1,k}^{\text{down}}(t) p_{i,k}^{M,\,\text{down}}(t) D_{i,M}^{\text{down}}(t) + \sum_{k=1}^{K} \rho_{i,0,k}^{\text{down}}(t) p_{i,k}^{S,\,\text{down}}(t) D_{i,S}^{\text{down}}(t)$$

$$(7-12)$$

式中：$\displaystyle\sum_{k=1}^{K} \rho_{i,1,k}^{\text{down}}(t) p_{i,k}^{M,\,\text{down}}(t) D_{i,M}^{\text{down}}(t)$ ——通过 MBS 接收下行数据的能耗；

$\displaystyle\sum_{k=1}^{K} \rho_{i,0,k}^{\text{down}}(t) p_{i,k}^{S,\,\text{down}}(t) D_{i,S}^{\text{down}}(t)$ ——通过 RSU 接收下行数据的能量消耗。

7.3.2　本地执行的延迟与能耗

当相关的数据库数据到达车辆 $i(t)$ 时，车辆 i 可以基于其 CPU 服务在本地执行请求，总的本地执行延迟 $D_i^L(t)$ 如式(7-13)所示。

$$D_i^L(t) = \frac{\mathcal{V}_i(t)\mathcal{C}_i(t)}{f_i} \qquad (7-13)$$

式中：f_i——车辆 i 的服务率。

值得一提的是，在 CPU 电压较低的情况下，CPU 的功耗与 CPU 周期频率的 3 次方成正比。因此，车辆 i 局部执行对应的能耗 $E_i^L(t)$ 如式(7-14)所示。

$$E_i^L(t) = \kappa_i f_i^3 D_i^L(t) \tag{7-14}$$

式中：κ_i——常数，该常数由车辆 i 的开关电容决定，可由其配置参数获得。

7.3.3　服务请求卸载流程

为了降低能耗或执行延迟等目标，车辆还可以通过 MBS 或 RSU 将其请求卸载到 MEC 服务器。首先，为清晰起见，定义 $\rho_{i,j,k}^{up}(t)$ 为车辆 $i(t)$ 的请求卸载指标，其中包括上行传输路径选择和子信道分配决策，$\rho_{i,j,k}^{up}(t)=1$ 表示车辆 $i(t)$ 通过子信道 k 选择模式 j 来完成请求卸载；否则，$\rho_{i,j,k}^{up}(t)=0$。在这里，$i \in \mathcal{N}$，$k \in \mathcal{K}$，并且 $j=\{0,1\}$。$j=0$ 表示通过 RSU 传递，$j=1$ 意味着上行链路通过 MBS 传递。

（1）上行数据传输。

子信道 k 上车辆 $i(t)$ 选择 MBS 卸载其请求，则得到上行数据传输速率 $r_{i,k}^{M,up}(t)$ 如式（7-15）所示。

$$r_{i,k}^{M,up}(t) = B \log_2 \left(1 + \frac{p_{i,k}^{M,up}(t) h_{i,k}^{M,up}(t)}{I_{i,k}^{S,up} + \sigma^2} \right) \tag{7-15}$$

式中：$p_{i,k}^{M,up}(t)$——车辆 $i(t)$ 在第 k 个子信道上通过 MBS 的发射功率；

　　　$h_{i,k}^{M,up}(t)$——通道增益，$h_{i,k}^{M,up}(t)$ 的值和车辆 $i(t)$ 与 MBS 之间的距离有关，记为 $h_{i,k}^{M,up}(t) = (d_{i,k}^{M,up}(t))^\alpha$；

　　　$I_{i,k}^{S,up}$——子信道 k 上 MBS 的干扰，这是由于其他车辆上行传输到同一信道上的 RSU 造成的；

　　　σ^2——背景噪声功率。

与下行传输类似，车辆可拾取多个子信道同时卸载动态采集的数据，则上行总传输速率 $R_i^{M,up}(t)$ 如式（7-16）所示。

$$\begin{aligned}
R_i^{M,up}(t) &= \sum_{k=1}^{K} \rho_{i,1,k}^{up}(t) r_{i,k}^{M,up}(t) \\
&= \sum_{k=1}^{K} \rho_{i,1,k}^{up}(t) B \log_2 \left(1 + \frac{p_{i,k}^{M,up}(t) h_{i,k}^{M,up}(t)}{I_{i,k}^{S,up} + \sigma^2} \right)
\end{aligned} \tag{7-16}$$

其中，$I_{i,k}^{S} = \sum\limits_{l=1, l \neq i}^{N} \rho_{l,0,k}^{up} p_{l,k}^{S,up}(t) h_{l,k}^{M}(t)$ ，所以 $R_i^{M,up}(t)$ 如式（7-17）所示。

$$R_i^{M,up}(t) = \sum_{k=1}^{K} \rho_{i,1,k}^{up}(t) B \log_2\left(1 + \frac{p_{i,k}^{M,up}(t) h_{i,k}^{M,up}(t)}{\sum\limits_{l=1, l \neq i}^{N} \rho_{l,0,k}^{up} p_{l,k}^{S,up}(t) h_{l,k}^{M,up}(t) + \sigma^2}\right)$$

$$(7-17)$$

用 $D_{i,M}^{up}(t)$ 作为车辆 $i(t)$ 通过 MBS 的上行传输延迟，因此 $D_{i,M}^{up}(t)$ 如式（7-18）所示。

$$D_{i,M}^{up}(t) = \phi_i(t) \frac{\mathcal{X}_i(t)}{R_i^{M,up}(t)} + (1-\phi_i(t))\left(\frac{\mathcal{X}_i(t)}{R_i^{M,up}(t)} + \frac{\mathcal{G}_i(t)}{R_{mc}}\right) \qquad (7-18)$$

式中：$\phi_i(t) \dfrac{\mathcal{X}_i(t)}{R_i^{M,up}(t)}$ —— 如果相关数据被缓存，通过 MBS 卸载动态数据的传输时间；

$(1-\phi_i(t))\left(\dfrac{\mathcal{X}_i(t)}{R_i^{M,up}(t)} + \dfrac{\mathcal{G}_i(t)}{R_{mc}}\right)$ —— 传输延迟既包括动态数据卸载，也包括相关数据未缓存时通过 MBS 下载相关数据。

如果车辆 $i(t)$ 通过接入子信道 k 选择最近的 RSU，则可达上行数据传输速率 $r_{i,k}^{S,up}(t)$ 如式（7-19）所示。

$$r_{i,k}^{S,up}(t) = B \log_2\left(1 + \frac{p_{i,k}^{S,up}(t) h_{i,k}^{S,up}(t)}{I_{i,k}^{M,up} + \sigma^2}\right) \qquad (7-19)$$

式中：$p_{i,k}^{S,up}(t)$ ——车辆 $i(t)$ 的传输功率；

$h_{i,k}^{S,up}(t)$ ——车辆 $i(t)$ 与 RSU 之间的通道增益，且满足 $h_{i,k}^{S,up}(t) = (d_{i,k}^{S,up}(t))^{\alpha}$；

$I_{i,k}^{M,up}$ ——子信道 k 上 RSU 处的干扰，这是由其他车辆上行传输到同一信道的 MBS 造成的。

则同时选择多个信道得到的上行总传输速率 $R_i^{S,up}(t)$ 如式（7-20）所示。

$$R_i^{S,\,up}(t) = \sum_{k=1}^{K} \rho_{i,\,0,\,k}^{up}(t) r_{i,\,k}^{S,\,up}(t)$$

$$= \sum_{k=1}^{K} \rho_{i,\,0,\,k}^{up}(t) B \log_2 \left(1 + \frac{p_{i,\,k}^{S,\,up}(t) h_{i,\,k}^{S,\,up}(t)}{I_{i,\,k}^{M,\,up} + \sigma^2}\right) \tag{7-20}$$

其中, $I_{i,\,k}^{M,\,up} = \sum_{l=1,\,l \neq i}^{N} \rho_{l,\,1,\,k}^{up} p_{l,\,k}^{M,\,up}(t) h_{l,\,k}^{S,\,up}(t)$, 所以 $R_i^{S,\,up}(t)$ 可以重写为式(7-21)。

$$R_i^{S,\,up}(t) = \sum_{k=1}^{K} \rho_{i,\,0,\,k}^{up}(t) B \log_2 \left(1 + \frac{p_{i,\,k}^{S,\,up}(t) h_{i,\,k}^{S,\,up}(t)}{\sum_{l=1,\,l \neq i}^{N} \rho_{l,\,1,\,k} p_{l,\,k}^{M,\,up}(t) h_{l,\,k}^{S,\,up}(t) + \sigma^2}\right)$$

$$\tag{7-21}$$

同样, 由于 RSU 与 MBS 之间回程有限, 回程延迟 $D_{i,\,S}^{bh,\,up}(t)$ 可表示为 $D_{i,\,S}^{bh,\,up}(t) = \zeta \mathcal{X}_i$。

综上所述, 车辆 $i(t)$ 通过 RSU 的上行传输总时间记为 $D_{i,\,S}^{up}(t)$, 如式(7-22)所示。

$$D_{i,\,S}^{up}(t) = D_{i,\,S}^{bh,\,up} + \phi_i(t) \frac{\mathcal{X}_i(t)}{R_i^{S,\,up}(t)} + (1-\phi_i(t)) \left(\frac{\mathcal{X}_i(t)}{R_i^{S,\,up}(t)} + \frac{\mathcal{G}_i(t)}{R_{mc}}\right) \tag{7-22}$$

式中:　　$D_{i,\,S}^{bh,\,up}$ ——反向 RSU 和 MBS 之间的回程延迟;

$\phi_i(t) \dfrac{\mathcal{X}_i(t)}{R_i^{S,\,up}(t)}$ ——在相关数据被缓存的情况下动态数据的上行传输;

$(1-\phi_i(t)) \left(\dfrac{\mathcal{X}_i(t)}{R_i^{S,\,up}(t)} + \dfrac{\mathcal{G}_i(t)}{R_{mc}}\right)$ 包含了动态数据卸载和相关数据下载。

综上所述, 无论车辆 $i(t)$ 选择哪种模式, 上行传输时间 $D_i^{up}(t)$ 都可显示如式(7-23)所示。

$$D_i^{up}(t) = \max\{\rho_{i,\,0,\,k}^{up}(t),\ k \in K\} D_{i,\,S}^{up}(t) + \max\{\rho_{i,\,1,\,k}^{up}(t),\ k \in K\} D_{i,\,M}^{up}(t) \tag{7-23}$$

若选择 MEC 作为传输路径进行任务卸载, 则 $\max\{\rho_{i,\,1,\,k}^{up}(t),\ k \in K\} = 1$, 而

当 $\max\{\rho_{i,0,k}^{up}(t),\ k\in K\}=0$，则总上行传输时间 $D_i^{up}(t)=D_{i,M}^{up}(t)$；反之亦然。

上行传输能耗 $E_i^{up}(t)$ 如式（7-24）所示。

$$E_i^{up}(t)=\sum_{k=1}^{K}\rho_{i,1,k}^{up}(t)p_{i,k}^{M,up}(t)D_{i,M}^{up}(t)+\sum_{k=1}^{K}\rho_{i,0,k}^{up}(t)p_{i,k}^{S,up}(t)D_{i,S}^{up}(t)$$

$$(7-24)$$

根据传输路径的选择，$\sum_{k=1}^{K}\rho_{i,1,k}^{up}(t)p_{i,k}^{M,up}(t)D_{i,M}^{up}(t)$ 表示通过 MBS 卸载时上行传输能耗；$\sum_{k=1}^{K}\rho_{i,0,k}^{up}(t)p_{i,k}^{S,up}(t)D_{i,S}^{up}(t)$ 表示如果通过 SBS 卸载时上行链路传输能耗。

（2）MEC 执行延迟。

当来自不同车辆的请求汇集到 MEC 服务器时，MEC 服务器可以用其相对充足的计算资源代表车辆进行处理。假设 MEC 服务器的服务速率为 f_M（这是其单位时间内可以处理的 CPU 周期，远远大于车辆的执行能力），则 MEC 执行延迟如式（7-25）所示。

$$D_i^M(t)=\frac{\sum_{i=1}^{N}p_i(t)\,\mathcal{V}_i(t)\,\mathcal{C}_i(t)}{f_M}\qquad(7-25)$$

在 MEC 服务器上完成执行后，生成的结果数据通常非常小，因此，为了简单起见，可以忽略这些结果返回的延迟和能耗。

◆ 7.4 问题描述

众所周知，车联网的交通流在高峰时段（如上午 7∶30-9∶30、下午 17∶00-19∶00）和非高峰时段（如午夜）具有明显的差异化和非对称性。在高峰时段，进入车联网的车辆数量急剧增加，导致无线子通道资源和 MEC 计算资源短缺；但在非高峰时段，接入车联网的车辆数量相对较少，无线子通道资源和 MEC 计算资源充足。为了提高无线和计算资源的综合利用率和系统性能，有必要构建合理的数学模型来满足动态的资源分配。因此，本书将问题分为两种情况，即非高峰时段和高峰时段。

7.4.1　非高峰时段的问题公式化

在这种情况下，由于子通道或 MEC 计算资源相对充足，车辆可以直接通过子通道的传输将其请求卸载到 MEC 服务器上，而不是在本地执行。在此前提下，基于构建的系统模型，可以降低总的执行延迟和能耗。

（1）总的执行延迟。

根据上节推导的 MEC 执行过程，由于车辆可以通过子信道的传输直接将其请求卸载到 MEC 服务器，而不是在本地执行，因此，执行延迟包括上行传输时间 $D_i^{up}(t)$ 和 MEC 执行延迟 $D_i^M(t)$，由此可以推导出非高峰时段的总执行延迟，如式（7-26）所示。

$$
\begin{aligned}
D_i^{idle}(t) &= \left(D_i^{up}(t) + D_i^M(t) \right) \\
&= \left\{ \begin{array}{l}
\max\left\{ \rho_{i,0,k}^{up}(t), \ k \in K \right\} D_{i,S}^{up}(t) + \\
\max\left\{ \rho_{i,1,k}^{up}(t), \ k \in K \right\} D_{i,M}^{up}(t) + D_i^M(t)
\end{array} \right\}
\end{aligned}
\tag{7-26}
$$

在式（7-26）的基础上，给每辆车一个权重（系统中不同的车有不同的比例系数，类似于社会网络，这也是许多文献采用的），将所研究系统在时隙 t 时所有参与车辆的平均加权执行延迟记为 $WD_{total}^{idle}(t)$，如式（7-27）所示。

$$
WD_{total}^{idle}(t) = \sum_{i=1}^{N} \frac{1}{N} \omega_i \left\{ \begin{array}{l}
\max\left\{ \rho_{i,0,k}^{up}(t), \ k \in K \right\} D_{i,S}^{up}(t) + \\
\max\left\{ \rho_{i,1,k}^{up}(t), \ k \in K \right\} D_{i,M}^{up}(t) + D_i^M(t)
\end{array} \right\}
\tag{7-27}
$$

式中：ω_i——车辆 i 的权重因子，该参数反映了研究集中的相对重要性。

然后根据式（7-27）（该公式表示研究系统在 t 时隙所有参与车辆的平均加权执行延迟），导出 MEC 使车联网系统在非高峰时段 t 时隙的平均执行延迟 $MWD_{total}^{idle}(t)$，如式（7-28）所示。

$$MWD_{total}^{idle}(t) = \lim_{T \to \infty} \frac{1}{T} \sum_{t=0}^{T-1} WD_{total}^{idle}(t)$$

$$= \lim_{T \to \infty} \frac{1}{T} \sum_{t=0}^{T-1} \sum_{i=1}^{N} \frac{1}{N} \omega_i \begin{Bmatrix} \max\{\rho_{i,0,k}^{up}(t), k \in K\} D_{i,S}^{up}(t) + \\ \max\{\rho_{i,1,k}^{up}(t), k \in K\} D_{i,M}^{up}(t) + D_i^M(t) \end{Bmatrix}$$

$$(7-28)$$

在非高峰时段，目标是尽量减少 $MWD_{total}^{idle}(t)$。系统在时隙 t 的总的决策为 $V(t) = [\Phi(t), \Psi(t), \rho^{up}(t)], \forall t \in \mathcal{T}$，其中 $\Phi(t) = [\phi_1(t), \phi_2(t), \cdots, \phi_i(t), \cdots, \phi_N(t)]$ 是时隙 t 开始处的缓存决策，$\Psi(t) = [\psi_1(t), \psi_2(t), \cdots, \psi_i(t), \cdots, \psi_N(t)]$ 是时隙 t 结束时的缓存更新策略，$\rho^{up}(t) = [\rho_{1,j,k}^{up}(t), \rho_{2,j,k}^{up}(t), \cdots, \rho_{N,j,k}^{up}(t)]$ 是时隙 t 所有车辆的传输路径选择和子信道分配的决策。

在非高峰时段，为简便起见，忽略除请求传输外用于其他目的的能量消耗。车辆 $i(t)$ 所消耗的能量表示为 $E_{i,total}^{idle}(t)$，其中仅包含发送请求所消耗的能量，表示为 $E_i^{up}(t)$，这取决于它所选择的策略。$E_{i,total}^{idle}(t)$ 的表达式如式（7-29）所示。

$$E_{i,total}^{idle}(t) = E_i^{up}(t) \qquad (7-29)$$

注意，$E_{i,total}^{idle}(t)$ 不能超过当前可用电池电量，如式（7-30）所示。

$$E_{i,total}^{idle}(t) \leqslant \hat{B}_i(t) \qquad (7-30)$$

在时隙 t 收获的能量将用于下一个时隙 $t+1$。因此，车辆 i 的电池能量水平演变遵循式（7-31）所示。

$$\hat{B}_i(t+1) = \hat{B}_i(t) - E_{i,total}^{idle}(t) + e_i(t) \qquad (7-31)$$

（2）优化公式。

对于非高峰时段的情况，问题的公式如式（7-32）所示。

$$\mathbf{P1}: \min_{V(t)} MWD_{total}^{idle}(t) \qquad (7-32)$$

满足的限制条件如式(7-33a)至(7-33i)所示。

$$\phi_i(t) \in \{0, 1\} \tag{7-33a}$$

$$\psi_i(t) \in \{0, 1, -1\} \tag{7-33b}$$

$$\rho_{i,j,k}^{\mathrm{up}}(t) \in \{0, 1\} \tag{7-33c}$$

$$\sum_{j=0}^{1} \rho_{i,j,k}^{\mathrm{up}}(t) = 1 \tag{7-33d}$$

$$E_{i,\mathrm{total}}^{\mathrm{idle}} \leqslant \hat{B}_i(t) \tag{7-33e}$$

$$\psi_i(t) \geqslant -\phi_i(t) \tag{7-33f}$$

$$\sum_{i \in \mathcal{N}} \phi_i(t)\, \mathcal{G}_i(t) \leqslant \mathcal{O} \tag{7-33g}$$

$$\sum_{i \in \mathcal{N}} (\phi_i(t) + \psi_i(t))\, \mathcal{G}_i(t) \leqslant \mathcal{O} \tag{7-33h}$$

$$i \in \mathcal{N},\, t \in \mathcal{T},\, k \in \mathcal{K} \tag{7-33i}$$

然而，由于能量因果约束条件式(7-31)的限制，车辆的卸载决策受到了连续时隙的约束。这使该问题具有一定的解决难度。因此，通过引入一个非负值 $E_i^{\min}(t)$ 作为能量的下界，以及 E 的合理值 $E_i^{\max}(t)$ 作为能量的上界迭代，则可以在不考虑约束条件式(7-31)的情况下完成相关耦合条件的消除。因此，可以将上述问题的改进版本重写为

$$\mathbf{P1}: \min_{V(t)}\ MWD_{\mathrm{total}}^{\mathrm{idle}}(t)$$

满足的限制条件如式(7-34)、式(7-35)所示。

$$\text{式(7-33a)至式(7-33d)、式(7-33f)至式(7-33h)} \tag{7-34}$$

$$E_{i,\mathrm{total}}^{\mathrm{idle}}(t) \in \left[E_i^{\min}(t),\, E_i^{\max}(t) \right] \tag{7-35}$$

利用估计的思想，将式(7-33e)转化为式(7-35)，在优化过程中利用能量约束。为了简化起见，当 $E_i^{\min}(t)$ 趋近于 0 时，**P1** 的最优解与原问题相同。由于 **P1** 是一个随机优化问题，需要确定大量的优化变量，包括缓存策略、缓存更新决策、上行传输路径和子信道分配决策等。一般来说，可以通过解决确定性的每时隙问题的连续过程来实现总的最优系统决策。

7.4.2 高峰时段的问题表述

接下来讨论高峰时段的情况。在这种情况下，随着越来越多的车辆在车联网中竞争有限的无线和计算资源，车辆产生的请求可以在本地执行，也可以通过子通道卸载到 MEC 服务器。

（1）总延迟。

根据前一节导出的本地执行和 MEC 执行过程，可以导出高峰时段的总的执行延迟，如式(7-36)所示。

$$
\begin{aligned}
D_i^{\text{busy}}(t) &= (1-p_i(t))(D_i^{\text{down}}(t)+D_i^L(t))+p_i(t)(D_i^{\text{up}}(t)+D_i^M(t)) \\
&= (1-p_i(t))\times
\begin{cases}
\max\{\rho_{i,0,k}^{\text{down}}(t),\ k\in K\}\,D_{i,S}^{\text{down}}(t)+ \\
\max\{\rho_{i,1,k}^{\text{down}}(t),\ k\in K\}\,D_{i,M}^{\text{down}}(t)+D_i^L(t)
\end{cases}+ \\
&\quad p_i(t)
\begin{cases}
\max\{\rho_{i,0,k}^{\text{up}}(t),\ k\in K\}\,D_{i,S}^{\text{up}}(t)+ \\
\max\{\rho_{i,1,k}^{\text{up}}(t),\ k\in K\}\,D_{i,M}^{\text{up}}(t)+D_i^M(t)
\end{cases}
\end{aligned}
\tag{7-36}
$$

将系统在时隙 t 处的总加权执行延迟记为 $WD_{\text{total}}^{\text{busy}}(t)$，如式(7-37)所示。

$$
WD_{\text{total}}^{\text{busy}}(t)=\sum_{i=1}^{N}\frac{1}{N}\omega_i
\begin{Bmatrix}
(1-p_i(t))
\begin{cases}
\max\{\rho_{i,0,k}^{\text{down}}(t),\ k\in K\}\,D_{i,S}^{\text{down}}(t)+ \\
\max\{\rho_{i,1,k}^{\text{down}}(t),\ k\in K\}\,D_{i,M}^{\text{down}}(t)+D_i^L(t)
\end{cases}+ \\
p_i(t)
\begin{cases}
\max\{\rho_{i,0,k}^{\text{up}}(t),\ k\in K\}\,D_{i,S}^{\text{up}}(t)+ \\
\max\{\rho_{i,1,k}^{\text{up}}(t),\ k\in K\}\,D_{i,M}^{\text{up}}(t)+D_i^M(t)
\end{cases}
\end{Bmatrix}
\tag{7-37}
$$

然后，推导出在 T 个时隙内 MEC 计算系统的平均执行延迟 $MWD_{\text{total}}^{\text{busy}}(t)$，如式(7-38)所示。

$$MWD_{\text{total}}^{\text{busy}}(t) = \lim_{T \to \infty} \frac{1}{T} \sum_{t=0}^{T-1} WD_{\text{total}}^{\text{busy}}(t)$$

$$= \lim_{T \to \infty} \frac{1}{T} \sum_{t=0}^{T-1} \sum_{i=1}^{N} \frac{1}{N} \omega_i \left\{ \begin{array}{l} (1-p_i(t)) \left\{ \begin{array}{l} \max\{\rho_{i,0,k}^{\text{down}}(t), \ k \in K\} D_{i,S}^{\text{down}}(t) + \\ \max\{\rho_{i,1,k}^{\text{down}}(t), \ k \in K\} D_{i,M}^{\text{down}}(t) + \\ D_i^L(t) \end{array} \right\} + \\ p_i(t) \left\{ \begin{array}{l} \max\{\rho_{i,0,k}^{\text{up}}(t), \ k \in K\} D_{i,S}^{\text{up}}(t) + \\ \max\{\rho_{i,1,k}^{\text{up}}(t), \ k \in K\} D_{i,M}^{\text{up}}(t) + D_i^M(t) \end{array} \right\} \end{array} \right\}$$

$$\tag{7-38}$$

在高峰时段，目标是尽可能最小化 $MWD_{\text{total}}^{\text{busy}}(t)$。系统在 t 时刻总的决策可以表示为 $V(t) = [p(t), \Phi(t), \Psi(t), \rho^{\text{up}}(t), \rho^{\text{down}}(t)]$，$\forall t \in \mathcal{T}$，其中 $p(t) = [p_1(t), p_2(t), \cdots, p_i(t), \cdots, p_N(t)]$ 为时隙 t 时系统中所有车辆的卸载策略，$\Phi(t) = [\phi_1(t), \phi_2(t), \cdots, \phi_i(t), \cdots, \phi_N(t)]$ 表示时隙 t 开始处的缓存决策，$\Psi(t) = [\psi_1(t), \psi_2(t), \cdots, \psi_i(t), \cdots, \psi_N(t)]$ 表示系统最后的缓存更新策略，$\rho^{\text{up}}(t) = [\rho_{1,j,k}^{\text{up}}(t), \rho_{2,j,k}^{\text{up}}(t), \cdots, \rho_{N,j,k}^{\text{up}}(t)]$ 是时隙 t 处所有车辆的上行链路传输路径选择和子信道分配的决策，$\rho^{\text{down}}(t) = [\rho_{1,j,k}^{\text{down}}(t), \rho_{2,j,k}^{\text{down}}(t), \cdots, \rho_{N,j,k}^{\text{down}}(t)]$ 是时隙 t 处所有车辆的下行链路传输路径选择和子信道分配的决策。

同样，表示车辆 $i(t)$ 消耗的能量为 $E_{i,\text{total}}^{\text{busy}}(t)$，它由三部分组成：① 能量车辆 $i(t)$ 的本地执行消耗，记为 $E_i^L(t)$；② 卸载请求的能耗，记为 $E_i^{\text{up}}(t)$；③ 接收相关数据的能耗，记为 $E_i^{\text{down}}(t)$。可以看到，这些部分的能量消耗取决于它选择的策略，如式(7-39)所示。

$$E_{i,\text{total}}^{\text{busy}}(t) = (1-p_i(t))(E_i^L(t) + E_i^{\text{down}}(t)) + p_i(t)(E_i^{\text{up}}(t)) \tag{7-39}$$

注意，$E_{i,\text{total}}^{\text{busy}}(t)$ 不能超过电池电量，如式(7-40)所示。

$$E_{i,\text{total}}^{\text{busy}}(t) \leqslant \hat{B}_i(t) \tag{7-40}$$

而车辆 $i(t)$ 的电池能级按照如式(7-41)所示方程演化。

$$\hat{B}_i(t+1) = \hat{B}_i(t) - E_{i,\text{total}}^{\text{busy}}(t) + e_i(t) \tag{7-41}$$

（2）优化公式。

高峰时段的平均执行延迟最小化问题如式（7-42）所示。

$$\mathbf{P2}: \min_{V(t)} \quad MWD_{total}^{busy}(t) \tag{7-42}$$

满足的限制条件如式（7-43a）至式（7-43i）所示。

$$p_i(t) \in \{0, 1\} \tag{7-43a}$$

$$\phi_i(t) \in \{0, 1\} \tag{7-43b}$$

$$\psi_i(t) \in \{0, 1, -1\} \tag{7-43c}$$

$$\rho_{i, j, k}(t) \in \{0, 1\} \tag{7-43d}$$

$$\sum_{j=0}^{1} \rho_{i, j, k}(t) = 1 \tag{7-43e}$$

$$E_{i, total}^{busy} \leqslant \hat{B}_i(t) \tag{7-43f}$$

$$\psi_i(t) \geqslant -\phi_i(t) \tag{7-43g}$$

$$\sum_{i \in \mathcal{N}} \phi_i(t) \, \mathcal{G}_i(t) \leqslant \mathcal{O} \tag{7-43h}$$

$$i \in \mathcal{N}, t \in \mathcal{T}, k \in \mathcal{K} \tag{7-43i}$$

同样，引入上述问题的修改版本，其估计思想为

$$P2: \min_{V(t)} MWD_{total}^{busy}(t)$$

满足的限制条件如式

$$式（7-43a）至式（7-43e）、式（7-43g）至式（7-43i） \tag{7-44}$$

$$E_{i, total}^{busy}(t) \in [E_i^{min}(t), E_i^{max}(t)] \tag{7-45}$$

综上所述，这两种情况下的缓存策略和传输路径选择是相同的，我们也采用了权重法来推导平均执行延迟。但执行策略不同，车辆 i 在时隙 t 处总的执行对于高峰时段和非高峰时段是不同的。此外，缓存决策 $\phi_i(t)$、缓存更新决策 $\psi_i(t)$、上行传输路径选择 $\rho_{i,j,k}^{\mathrm{up}}(t)$ 和子信道分配策略 $p_i(t)$ 都是用来提高 QoS（服务质量）的参数。

◆◇ 7.5　算法设计

对于上面构建的两个问题，设计了 SAGA 算法和 DQN 算法，可以在非高峰时段和高峰时段之间自由切换。

7.5.1　非高峰时段的算法设计

在非高峰时段，在电池电量具有时间相关性的情况下，不同时段的优化决策集不是独立的。因此，引入加权摄动法来解决这一问题。首先定义微扰参数为 η，并定义一个虚拟能量队列 $B_i(t) = \hat{B}_i(t) - \eta_i$。其中，$\eta_i$ 是一个有界常数，满足 $\eta_i \geq E_{\max} + v\alpha_i / E_{\min}$。然后采用 Lyapunov 优化算法将原问题转化为同一时隙内的多个子问题，具体过程如下。

步骤 1：定义 Lyapunov 函数。

$$L(B(t)) = \frac{1}{2} \sum_{i \in N} B_i^2(t) \tag{7-46}$$

其中，$B(t) = [B_1(t), \cdots, B_i(t), \cdots B_N(t)]$。

步骤 2：定义相应的条件 Lyapunov 漂移。

$$\Delta(B(t)) = \mathbb{E}[L(B(t+1)) - L(B(t)) \mid B(t)] \tag{7-47}$$

步骤 3：Lyapunov 漂移加惩罚函数。

$$\Delta_V(B(t)) = \Delta(B(t)) + V \mathbb{E}[WD_{\mathrm{total}}^{\mathrm{idle}}(t) \mid B(t)] \tag{7-48}$$

其中，$V \in (0 + \infty)$ 是所提算法中的控制参数。

步骤4：在 $V(t)$ 的任意可行集下，求出 $\Delta(B(t))$ 的上界，其上界如式(7-49)所示。

$$\Delta_V(B(t)) \leqslant CT + \sum_{i \in \mathcal{N}} \left\{ B_i(t) \left[e_i(t) - E_{i,\,\text{total}}^{\text{idle}}(t) \right] \right\} + V\,\mathbb{E}\left[WD_{\text{total}}^{\text{idle}}(t) \mid B(t) \right]$$

(7-49)

式中，CT 为常数，记为

$$CT = \sum_{i \in \mathcal{N}} \left[\frac{(e_i^{\max}(t))^2 + (E_i^{\max}(t))^2}{2} \right]$$

步骤5：最小化的上界 $\Delta_V(B(t))$ 在每个时隙 t 的上式右侧。

换句话说，问题 **P1** 可以转化为求解以下问题：

$$\textbf{P3}: \min_{V(t)} \sum_{i \in \mathcal{N}} \left\{ B_i(t) \left[e_i(t) - E_{i,\,\text{total}}^{\text{idle}}(t) \right] \right\} + V\,\mathbb{E}\left[WD_{\text{total}}^{\text{idle}}(t) \mid B(t) \right]$$

满足的限制条件如式 (7-44)、式(7-45)所示。

为了解决 **P3** 问题，采用 SAGA 算法，它是遗传算法和模拟退火算法的完美结合。通常，遗传算法对整体搜索过程的把握较强，但对局部搜索的把握较差。模拟退火算法不擅长搜索整个空间，相应的效率也不高，但具有较强的局部搜索能力，可以避免在搜索过程中陷入局部最优。通过将两种算法结合在一起，可以获得局部搜索和全局收敛的性质。

SAGA 的步骤包括如下。

步骤1：初始退火率 w；温度 T_0；终止温度 T_{final}；每个 T 的内环数 L，问题 **P3** 的 $2r$ 个初解（即用随机方法找到 **P3** 的 $2r$ 个满足条件式(7-44) 和式(7-45)的解，并作为初始群，得到该群的适应度，即 **P3** 的目标函数的值）；突变运算 γ 使 $T = T_0$；交叉操作 $\hbar$；$[0, 1]$ 之间的随机数 σ。

步骤2：如果 $T > T_{\text{final}}$，运行步骤 3、4、5；否则，返回最小适应度值的最优解。

步骤3：对于每个 T 和 $i = 0, 1, \cdots, L$，运行步骤 4、5；否则，令 $T = wT$ 并返回步骤2。

步骤4：① 在包含 $2r$ 个个体的群体中随机组合 r 对男性父母。

② 每对父本 $P_m (m = 1, 2, \cdots, r)$，其中 $P_m^{(1)}$ 和 $P_m^{(2)}$，执行步骤(3)(4)。

③ 生成子代 $Q_m^{(1)}$ 和 $Q_m^{(2)}$，通过使用交叉操作 $\hbar$ 和突变运算 γ，计算 $Q_m^{(1)}$，$Q_m^{(2)}$ 的适应度，记为 $f_{Q_m^{(1)}}$，$f_{Q_m^{(2)}}$。

④ 若 $f_{P_m^{(w)}} > f_{Q_m^{(w)}}$，$w = 1$，$2$，通过使用 $Q_m^{(w)}$ 来替换 $P_m^{(w)}$；否则，计算 $\exp\left(\dfrac{f_{Q_m^{(w)}} - f_{P_m^{(w)}}}{T}\right)$ 的值。若 $\sigma < \exp\left(\dfrac{f_{Q_m^{(w)}} - f_{P_m^{(w)}}}{T}\right)$，接受 $Q_m^{(w)}$；否则，则保持 $P_m^{(w)}$。

(5)将挑选出来的结果汇总。

步骤 5：返回到步骤 3。

7.5.2　高峰时段的算法设计

在高峰时段，涉及卸载决策的选择、缓存决策、缓存更新决策、传输路径的选择和信道资源的分配$(p_i(t)$，$\phi_i(t)$，$\psi_i(t)$，$\rho_{i,0,k}^{\mathrm{up}}(t)$，$\rho_{i,1,k}^{\mathrm{up}}(t)$，$\rho_{i,0,k}^{\mathrm{down}}(t)$，$\rho_{i,1,k}^{\mathrm{down}}(t))$。显然，当 IoV 处于高峰时段时，变量更多。环境的复杂性增加了解决问题的难度。本部分将使用算法进行传输路径决策、子信道分配、卸载决策、缓存状态决策和缓存更新决策。

在本书中，DQN 包含三个元素：状态 S、行动 A 和奖励 R。

① 状态 S。车辆在时隙 t 时的状态包括三部分，即 $S(t) = (Pos(t)$，$\mathcal{O}(t)$，$\mathcal{B}(t))$。$Pos(t)$ 表示车辆的位置，会影响无线通信的质量；$\mathcal{O}$ 表示 MEC 服务器的缓存空间，其中 $\sum_{i \in N} \phi_i(t) \mathcal{G}_i(t) \leqslant \mathcal{O}$；$B(t)$ 表示电池能量，$\sum_{i=1}^{N} \hat{B}_i(t) \leqslant B(t)$。

② 动作 A。$A(t)$ 等价于在时隙时间 t 时的决策$(p_i(t)$，$\phi_i(t)$，$\psi_i(t)$，$\rho_{i,0,k}^{\mathrm{up}}(t)$，$\rho_{i,1,k}^{\mathrm{up}}(t)$，$\rho_{i,0,k}^{\mathrm{down}}(t)$，$\rho_{i,1,k}^{\mathrm{down}}(t))$。

③ 奖励 R。对于上述问题，取 $MWD_{\mathrm{total}}^{\mathrm{busy}}(t)$ 的值作为 DQN 中的奖励，因为我们的目标是最小化 $MWD_{\mathrm{total}}^{\mathrm{busy}}(t)$ 的值。因此，代理的目标应该是最小化奖励，所以可以将 **P2** 重写为

$$\textbf{P2}: \min_{V(t)} \; MWD_{\mathrm{total}}^{\mathrm{busy}}(t)$$

满足的约束条件如式(7-44)、式(7-45)所示。

在 DQN 中，状态之间的转换遵循马尔可夫决策过程。考虑采用 Q 表格法，$Q(S, A)$ 来存储奖励，$Q(S(t), A(t))$ 表示代理在时隙 t 的价值，$Q(S(t)$，$A(t))$ 只与前一个时隙 $t-1$ 相关。但是，由于状态空间是连续的，动作空间是离散的，若仍采取表格法，就会导致 $Q(S, A)$ 的存储量变大。基于状态–动作

集，具有值的连续性这一特点，考虑利用神经网络近似 $Q(S, A)$ 的非线性特征，如式(7-50)所示。

$$Q(S, a; \theta) \approx Q(S, A) \qquad (7\text{-}50)$$

式中：$Q(S, a; \theta)$——在神经网络中训练 θ 得到的值。

对于这一场景，首先观察到时刻 t 的状态 $S(t) = (Pos(t), \mathcal{O}(t), B(t))$。定义一个概率 ϵ。根据 ϵ，代理可以选择一个决策 A，否则，代理可以根据 $Q(S, a; \theta)$ 得到决策 A。

DQN 的主要特点是引入了体验回放，即将四元组 (S, A, R, S') 加入到一个经验池中，这些四元组将被用来在反向传播过程中更新 $Q(S, A; \theta)$ 的参数，重复训练的过程直到符合预期。

最后，根据损失函数，给出可学习参数 θ，如式(7-51)所示。

$$\theta_{t+1} = \theta_t + \alpha \left[r + \gamma \max_{a'} Q(s', a'; \theta^-) - Q(s, a; \theta) \right] \nabla Q(s, a; \theta) \qquad (7\text{-}51)$$

采用 DQN 算法对 **P2** 进行优化，该算法可以动态适应环境的变化，处理连续的状态空间。

算法 7-1 中给出了求解问题 **P2** 的过程，算法流程如下。第 1 行将重放存储器 $\mathcal{D}$ 的容量初始化为 $\mathcal{N}$，并训练步长。第 2 行初始化随机权值 θ 的预测网络 Q。第 3 行使用预测网络的权重 θ 初始化目标网络的权重 θ^-。第 5 行初始化每轮迭代的初始状态 $S(t)$。在 T 的时间序列中，时隙是连续的，将每个时隙作为一个状态节点。在每个时隙 t，第 7 行显示获得的观测值 $S(t)$，第 8~9 行显示选择动作 $A(t)$，要么根据概率 ϵ 随机选择，要么选择 Q 值最大的动作。第 10 行显示了到达新的环境之后，获得即时奖励 R 和之后的下一个状态 S' 的执行动作 $A(t)$。第 11 行将 (S, A, R, S') 放入重放存储器 $\mathcal{D}$ 中进行学习。第 12~13 行显示从重放存储器中随机选择转换元组的小批量内存 $\mathcal{D}$，训练预测网络并更新它的权值 θ。第 14~16 行显示，当训练步骤满足预设条件时，通过预测网络的权重 θ 更新目标网络的权值 θ^-。最后，在第 17 行更新步长，设置步长+1。

算法 7-1　最优化 **P2** 的 DQN 算法

1：	初始化经验回放存储器 $\mathcal{D}$ 到容量 $\mathcal{N}$，$Step \leftarrow 0$；
2：	初始化随机权重为 θ 的预测网络 $Q_\theta(S, A)$；
3：	使用权重 $\theta^- = \theta$ 初始化目标网络 $Q_{\theta^-}(S, A)$；
4：	for $episode$ $e = 1, 2, \cdots$ do
5：	初始化状态 $S = (Pos(t), \mathcal{O}(t), B(t))$；
6：	for $t = 1, 2, \cdots, T$ do
7：	观察时隙 t 时的 $S(t)$；
8：	根据概率 ε 随机选择一个 $A(t)$；
9：	否则通过 $A(t) = \operatorname{argmax} Q(S(t), a(t); \theta)$ 选择动作 $A(t)$；
10：	获得下一个状态 S 和奖励 R，然后执行动作 $A(t)$；
11：	将转换元组 (S, A, R, S') 放入重放存储器 $\mathcal{D}$；
12：	随机选择从 $\mathcal{D}$ 到训练预测网络 $Q_\theta(S, A)$ 的小批量转换元组；
13：	通过 $\theta_t + \alpha[r + \gamma \max_{a'} Q(s', a'; \theta^-) - Q(s, a; \theta)] \nabla Q(s, a; \theta)$ 更新预测网络参数 θ；
14：	if $step \geqslant 50$ and $step\%5 = 0$ then
15：	Set $\theta^- \leftarrow \theta$；
16：	end
17：	Set $step \leftarrow step + 1$；
18：	end
19：	end

7.5.3　两种算法的算法复杂度

SAGA 的计算复杂度取决于三个部分，即初始化、SA 算法、GA 算法和适应度值计算。下面将分别进行分析。

① 作为 $2r$ 个搜索代理，每个搜索代理评估适应度值，因此初始化过程的计算复杂度为 $O(2r \times D_1)$，其中 D_1 表示 **P3** 的可变维数。

② SA 的计算复杂度为 $O(L \times Max\_iter1 \times D_1)$，其中 L 为每个 T 的 Inner 循环数，Max_iter1 表示算法终止所需的最大迭代次数，D_1 表示 **P3** 的可变维数。由于算法终止条件为 $T > T_{\text{final}}$，且每次迭代满足 $T = \omega T$，可得 $(\omega^{\wedge} Max\_iter1) T \leqslant T_{\text{final}}$，$Max\_iter1 \leqslant (T_{\text{final}} / T)^{\wedge} (1/\omega)$。

因此，可以得到 SA 总的复杂度为 $O(L \times (T_{\text{final}}/T)^{\wedge}(1/\omega) \times D_1)$。

③ 因为每次需要 r 对个体进行杂交和变异，产生 r 对新个体，每对个体都需要进行拟合。由于 GA 是在 SA 循环中退火的，因此 GA 过程的复杂性是 $O(L \times (T_{\text{final}}/T)^{\wedge}(1/\omega) \times 2r \times D_1)$。

综上所述，SAGA 总的计算复杂度如式(7-52)所示。

$$O(2r \times D_1 + L \times (T_{\text{final}}/T)^{\wedge}(1/\omega) \times D_1 + L \times (T_{\text{final}}/T)^{\wedge}(1/\omega) \times 2r \times D_1) \quad (7\text{-}52)$$

接下来将分析上文提出的 DQN 的算法复杂度。在 DQN 算法中，假设第一行的运行时间为 t_0；第 2 行的运行时间为 t_1；第 3 行的运行时间为 t_2；第 4 行循环部分的平均运行时间为 t_3，重复 M 次；第 5 行的运行时间为 $t_{3.1}$；第 6 行循环部分的平均运行时间为 $t_{3.2}$，重复次数为 T；第 7 行的运行时间为 $t_{3.2.1}$；第 8~9 行的运行时间为 $t_{3.2.2}$；第 10 行的运行时间为 $t_{3.2.3}$；第 11 行的运行时间为 $t_{3.2.4}$；第 12 行的运行时间为 $t_{3.2.5}$；第 13 行的运行时间为 $t_{3.2.6}$；第 14~16 行的运行时间为 $t_{3.2.7}$；第 17 行的运行时间为 $t_{3.2.8}$。

根据代码执行的平均时间假设，DQN 算法的执行时间如式(7-53)所示。

$$\begin{aligned}
T(episode, t) &= t_{c1} + (t_{c2} + t_{c3} \times T) \times M \\
&= t_{c1} + (t_{c2} \times M + t_{c3} \times T \times M) \\
&= t_{c3} \times T \times M \\
&= T \times M
\end{aligned} \quad (7\text{-}53)$$

常数项在公式推导中合并。当 $episode$ 和 t 的值很大时，函数 $T(episode, t)$ 中的常数项以及 T 和 M 的系数对 $episode$ 和 t 的影响也可以忽略。同时，注意到 $T(episode, t)$ 函数的主要影响因素是 $T \times M$ 而不是 M，因为 $T \times M$ 的增长速度比 M 快得多。因此，函数 $T(episode, t)$ 的时间复杂度如式(7-54)所示。

$$T(episode, t) = O(n_t n_m) \quad (7\text{-}54)$$

其中，n_t 指每个 $episode$ 的时间步长的数量，并且 n_m 是指 $episode$ 数量。

◆◇ 7.6　仿真分析

本部分通过仿真来评估 MEC 支持的车联网网络的资源分配和计算卸载方案。由于提出的模型包含两个时间段，因此，分别在非高峰时段和高峰时段使用 SAGA 和 DQN 进行了模拟。仿真参数如表 7-1 所列。

7.6.1　非高峰时段情况

表 7-1　仿真参数

符号	参考值	含义
r	100	SAGA 的规模
L	1000	SAGA 的最大迭代次数
$\hbar$	0.6	SAGA 的交叉概率
γ	0.02	SAGA 的突变概率
w	0.01	SA 的温度衰减系数
T_{final}	0	SA 的终止温度
τ	1	每个时隙的长度
β_i	5 kB	车辆 i 请求数据大小
σ^2	0.05	背景噪声功率
V	1000	控制参数
ζ	0.01	回程的比例因子
f_i	2 GHz	车辆 i 的 CPU 周期频率
T	100	系统训练轮数
$EPOCH$	50	完整迭代周期
N_{SBS}	10	子样本数量
L_r	0.01	学习率
$reward_{decay}$	0.95	奖励衰减系数
e_{greedy}	0.9	ϵ 值

首先，研究了有无缓存对非高峰时段平均执行延迟的影响。从图 7-3 可以看出，随着迭代次数的增加，有缓存的和无缓存的曲线逐渐收敛，在大约 5 次迭代后达到稳定状态，平均执行延迟随着迭代次数的增加不再有较大波动。从稳定曲线可以看出，有缓存的 MEC 在延迟方面比无缓存的 MEC 更有优势。但是，由于非高峰时段，车联网的传输资源和计算资源非常丰富，有缓存和无缓

存的 MEC 的平均执行延迟差异很小。

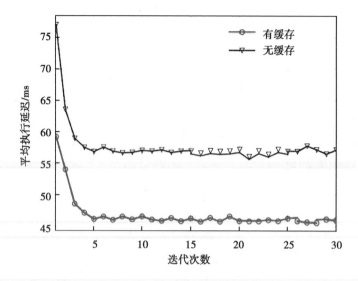

图 7-3 非高峰时段无缓存和有缓存情况下的平均执行延迟与迭代次数的关系

接下来，研究不同车辆数量下，空闲通道数量对平均执行延迟的影响，如图 7-4 所示。从曲线中可以看出，在车辆数量固定的情况下，随着通道数量的增加，整体平均执行延迟呈下降趋势。纵向来看，随着车辆数量的增加，平均执行延迟也在增加。通道数量少时，两者之间的差距较大；通道数量多时，两者之间的差距较小。

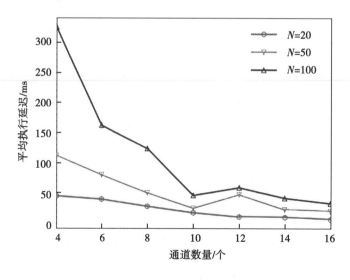

图 7-4 非高峰时段不同车辆数量下的平均执行延迟与通道数量的关系

图 7-5 研究在不同情况下, 闲置车辆数量对平均执行延迟的影响。可以看出, 在通道数一定的情况下, 随着车辆数量的增加, 平均执行延迟整体呈上升趋势, 其中 $K=4$ 的曲线上升最明显, $K=8$ 和 $K=16$ 的曲线非常平缓。在车辆数量固定的情况下, 平均执行延迟随着通道数量的增加而增加。当车辆数量较少时, 三者之间的平均执行延迟差距非常小。当车辆数量较多时, 无线子信道资源和 MEC 计算资源短缺, 随着车联网中越来越多的车辆争夺有限的无线和计算资源, 三者之间的平均执行延迟差距迅速拉大, 通道数量越少, 平均执行延迟越大。

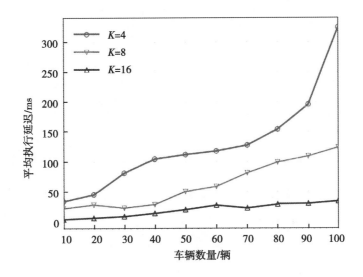

图 7-5　非高峰时段不同通道数量下的平均执行延迟与车辆数量的关系

7.6.2　高峰时段情况

首先, 研究了有无缓存对高峰时段平均执行延迟的影响。从图 7-6 可以看出, 当曲线不收敛时, 有缓存和无缓存的平均执行延迟波动较大, 但无缓存的平均执行延迟大于有缓存的平均执行延迟。随着迭代次数的增加, 有缓存和无缓存曲线逐渐收敛, 在 43 次迭代后达到稳定状态。平均执行延迟不再随着迭代次数的增加而持续抖动。从稳定曲线可以看出, 有缓存的 MEC 在延迟方面比无缓存的 MEC 更有优势。但是, 由于在模拟中定义的 MEC 服务器和云中心之间的速率非常高, 所以任务所需的数据包并不大, 所以缓存在云中的数据传回 MEC 服务器并不需要很长时间。可以看出, 有缓存和无缓存的平均执行延迟差为 250 ms 左右。

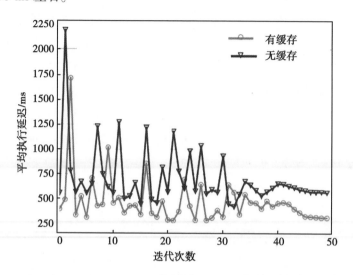

图7-6　高峰时段无缓存和有缓存情况下的平均执行延迟与迭代次数的对比

　　然后，比较了不同车辆数量下通道数对平均执行延迟的影响，如图7-7所示。从曲线中可以看出，在车辆数量固定的情况下，随着通道数量的增加，平均执行延迟整体呈下降趋势。当通道数量固定时，平均执行延迟随着车辆数量的增加而增加。而当通道数量较少时，三者之间的平均执行延迟差距明显；当通道数量较多时，由于计算资源和信道资源充足，三者之间的平均延迟差距极小。

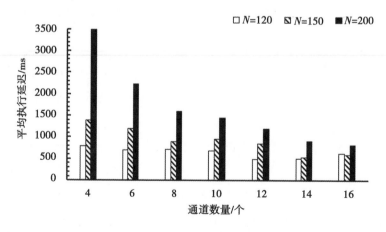

图7-7　高峰时段不同车辆数量下的平均执行延迟与通道数量的关系

最后，比较了不同通道数下车辆数量对平均执行延迟的影响，如图 7-8 所示。从柱状图中可以看出，当通道数量一定时，平均执行延迟较为平缓，在车辆数量为 110~140 时波动较小，但在车辆数量大于 140 之后，随着车辆数量的增加，平均执行延迟整体呈上升趋势，其中柱状图 K=4 增加最为明显，K=16 则非常平缓。反之，当车辆数量固定在 110~140 时，随着通道数量的增加，平均执行延迟差距并不大。而当车辆数量大于 140 时，由于计算资源和通道资源的供需不平衡，三者之间的平均执行延迟差距迅速拉大，通道数量越少，平均执行延迟越大。

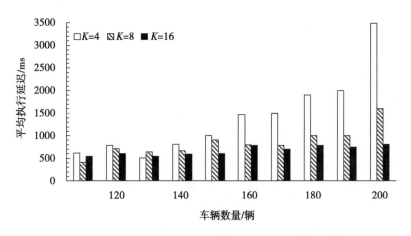

图 7-8 高峰时段不同通道数下的平均执行延迟与车辆数量的关系

◆ 7.7 本章小结

本节开发了具有多个能量收集车辆的 MEC 车联网系统中非高峰时段和高峰时段的任务卸载和资源分配方案。在非高峰时段，首先，利用 Lyapunov 优化的优势，将原问题转化为对应的 Lyapunov 漂移加惩罚函数的上界，提出一种连续时隙的动态算法。其次，针对特定时隙，利用 SAGA 推导出最优解。在高峰时段，优化后的变量不仅包括数据传输路径策略、子通道分配策略、缓存策略和缓存更新策略，还包括在执行模式下的决策。采用 DQN 算法来解决构造整数规划问题，可以高效地实现模仿学习。最后，进行了性能评估，以验证所提方案的有效性和优越性。在未来的研究中，计划将区块链与车联网中的任务卸载结合起来，以提高计算卸载的效率和数据传输的安全性。

参考文献

［1］ 林闯,苏文博,孟坤,等.云计算安全:架构、机制与模型评价[J].计算机学报,2013,36(9):1765-1784.

［2］ RAHIMI M R,REN J,LIU C,et al.Mobile cloud computing:a survey,state of art and future directions[J].Mobile networks and applications,2014,19(2):133-143.

［3］ ZAGHDOUDI B,AYED H,RIABI I.Ad hoc cloud as a service:a protocol for setting up an ad hoc cloud over MANETs[J].Procedia computer science,2015,56:573-579.

［4］ BAHTOVSKI A,GUSEV M.Cloudlet challenges[J].Procedia engineering,2014,69:704-711.

［5］ MUKHERJEE M,MATAM R,SHU L,et al.Security and privacy in fog computing:challenges[J].IEEE access,2017,5:19293-19304.

［6］ SABELLA D,VAILLANT A,KUURE P,et al.Mobile-edge computing architecture:the role of MEC in the Internet of things[J].IEEE consumer electronics magazine,2016,5(4):84-91.

［7］ 冯登国,张敏,张妍,等.云计算安全研究[J].软件学报,2011,22(1):71-83.

［8］ KHAN W Z,AHMED E,HAKAK S,et al.Edge computing:a survey[J].Future generation computer systems,2019,97:219-235.

［9］ KUMAR K,LIU J,LU Y H,et al.A survey of computation offloading for mobile systems[J].Mobile networks and applications,2013,18(1):129-140.

［10］ SHAKARAMI A,GHOBAEI-ARANI M,SHAHIDINEJAD A.A survey on the computation offloading approaches in mobile edge computing:a machine learning-based perspective[J].Computer networks,2020,182:107496.

［11］ CHEN M,HAO Y X,LI Y,et al.On the computation offloading at ad hoc cloudlet:architecture and service modes[J].IEEE communications magazine,2015,53(6):18-24.

[12] LE D V,THAM C K.A deep reinforcement learning based offloading scheme in ad-hoc mobile clouds[C]//2018 IEEE Conference on Computer Communications Workshops.New York:Institute of Electrical and Electronics Engineers,2018:760-765.

[13] LE D V,THAM C K.An optimization-based approach to offloading in ad-hoc mobile clouds[C]//2017 IEEE Global Communications Conference. New York:Institute of Electrical and Electronics Engineers,2017:1-6.

[14] WANG M Y,JIN H,ZHAO C L.Delay optimization of computation offloading in multi-hop ad hoc networks[C]//2017 IEEE International Conference on Communications Workshops.New York:Institute of Electrical and Electronics Engineers,2017:314-319.

[15] ZHANG Y Y,SHI Y C,SHEN F,et al.Price-based joint offloading and resource allocation for ad hoc mobile cloud[C]//2018 10th International Conference on Wireless Communications and Signal Processing.New York:Institute of Electrical and Electronics Engineers,2018:1-6.

[16] LE D V,THAM C K.Quality of service aware computation offloading in an ad-hoc mobile cloud[J].IEEE transactions on vehicular technology,2018,67(9):8890-8904.

[17] LI C L,ZHU L Y,TANG H L,et al.Mobile user behavior based topology formation and optimization in ad hoc mobile cloud[J].Journal of systems and software,2019,148:132-147.

[18] RETAL S,HUANG D J.A multi-objective optimization system for mobile gateways selection in vehicular ad-hoc networks[J].Computers & electrical engineering,2019,73:289-303.

[19] ZHANG H L,ZHANG Q,DU X J.Toward vehicle-assisted cloud computing for smartphones[J].IEEE transactions on vehicular technology[J].2015,64(12):5610-5618.

[20] 刘建航,毕经平,葛雨明,等.一种基于协助下载方法的车联网选车策略[J].计算机学报,2016,39(5):919-930.

［21］ SUN F,HOU F,CHENG N,et al.Cooperative task scheduling for computation offloading in vehicular cloud［J］.IEEE transactions on vehicular techno-logy, 2018,67(11):11049-11061.

［22］ WU Y,QIAN L P,MAO H W,et al.Secrecy-driven resource management for vehicular computation offloading networks［J］.IEEE network,2018,32(3): 84-91.

［23］ LIU Q R,SU Z,HUI Y L.Computation offloading scheme to improve QoE in vehicular networks with mobile edge computing［C］//2018 10th International Conference on Wireless Communications and Signal Processing.New York:Institute of Electrical and Electronics Engineers,2018:1-5.

［24］ CHEN X.Decentralized computation offloading game for mobile cloud computing［J］.IEEE transaction on parallel and distributed systems,2015,26(4): 974-984.

［25］ CHEN X,JIAO L,LI W Z,et al.Efficient multi-user computation offloading for mobile-edge cloud computing［J］.IEEE/ACM transactionson networking, 2016,24(5):2795-2808.

［26］   JOSILO S,DAN G.Selfish decentralized computation offloading for mobile cloud computing in dense wireless networks［J］.IEEE transactions on mobile computing,2019,18(1):207-220.

［27］ ZHANG K,MAO Y M,LENG S P,et al.Energy-efficient offloading for mobile edge computing in 5G heterogeneous networks［J］.IEEE access,2016,4: 5896-5907.

［28］ ZHANG Y,NIYATO D,WANG P.Offloading in mobile cloudlet systems with intermittent connectivity［J］.IEEE transactions on mobile computing,2015,14 (12):2516-2529.

［29］ WU H M.Multi-objective decision-making for mobile cloud offloading:a survey［J］.IEEE access,2018,6:3962-3976.

［30］ ALELAIWI A.An efficient method of computation offloading in an edge cloud platform［J］.Journal of parallel and distributed computing,2019,127:58-64.

［31］ XU X L,SHEN B,DING S,et al.Service offloading with deep Q-network for digital twinning-empowered internet of vehicles in edge computing［J］.IEEE transactions on industrial informatics,2022,18(2):1414-1423.

[32] SAMY A,ELGENDY I A,YU H,et al.Secure task offloading in blockchain-enabled mobile edge computing with deep reinforcement learning[J].IEEE transactions on network and service management,2022,19(4):4872-87.

[33] XU Z C,LIANG W F,XU W Z,et al.Efficient algorithms for capacitated cloudlet placements [J]. IEEE transactions on parallel and distributed systems, 2016,27(10):2866-2880.

[34] ZHAO L,SUN W,SHI Y P,et al.Optimal placement of cloudlets for access delay minimization in SDN-based Internet of things networks[J].IEEE Internet of things journal,2018,5(2):1334-1344.

[35] JIA M,CAO J N,LIANG W F.Optimal cloudlet placement and user to cloudlet allocation in wireless metropolitan area networks[J].IEEE transactions on cloud computing,2017,5(4):725-737.

[36] MA L J,WU J G,CHEN L.DOTA:delay bounded optimal cloudlet deployment and user association in WMANs[C]//2017 17th IEEE/ACM International Symposium on Cluster,Cloud and Grid Computing.New York:Institute of Electrical and Electronics Engineers,2017:196-203.

[37] MESKAR E,TODD T D,ZHAO D M,et al.Energy aware offloading for competing users on a shared communication channel[J].IEEE transactions on mobile computing,2017,16(1):87-96.

[38] AL-SHUWAILI A,SIMEONE O,BAGHERI A,et al.Joint uplink/downlink optimization for backhaul-limited mobile cloud computing with user scheduling [J]. IEEE transactions on signal and information processing over networks,2017,3(4):787-802.

[39] WANG Y T,SHENG M,WANG X J,et al.Mobile-edge computing:partial computation offloading using dynamic voltage scaling[J].IEEE transactions on communications,2016,64(10):4268-4282.

[40] CHEN M H,DONG M,LIANG B.Resource sharing of a computing access point for multi-user mobile cloud offloading with delay constraints[J].IEEE transactions on mobile computing,2018,17(12):2868-2881.

[41] TOUT H,TALHI C,KARA N.Smart mobile computation offloading:central-

ized selective and multi-objective approach[J].Expert systems with applications,2017,80:1-13.

[42]　MENG X, WANG W, ZHANG Z. Delay-constrained hybrid computation offloading with cloud and fog computing[J].IEEE access,2017,5:21355-21367.

[43]　ZHU Q,SI B,YANG F,et al.Task offloading decision in fog computing system [J].China communications,2017,14(11):59-68.

[44]　BOUET M, CONAN V. Mobile edge computing resources optimization: a geo-clustering approach[J].IEEE transactions on network and service management,2018,15(2):787-796.

[45]　YU S,LANGAR R,FU X M,et al.Computation offloading with data caching enhancement for mobile edge computing[J].IEEE transactions on vehicular technology,2018,67(11):11098-11112.

[46]　ZHANG K,MAO Y M,LENG S P,et al.Delay constrained offloading for mobile edge computing in cloud-enabled vehicular networks[C]//2016 8th International Workshop on Resilient Networks Design and Modeling.New York: Institute of Electrical and Electronics Engineers,2016:288-294.

[47]　LI Y Q,ZHANG J B,GAN X Y,et al.A contract-based incentive mechanism for delayed traffic offloading in cellular networks[J].IEEE transactions on wireless communications,2016,15(8):5314-5327.

[48]　LI Y Q,ZHANG J B,GAN X Y,et al.Contract-based traffic offloading over delay tolerant networks[C]//2015 IEEE Global Communications Conference,New York:Institute of Electrical and Electronics Engineers,2015:1-6.

[49]　NIR M,MATRAWY A,HILAIRE M.Economic and energy considerations for resource augmentation in mobile cloud computing[J].IEEE transactions on cloud computing,2018,6(1):99-113.

[50]　LIANG K, ZHAO L Q, ZHAOS X H, et al.Joint resource allocation and coordinated computation offloading for fog radio access network[J].China communications,2016,13(2):131-139.

[51]　YOU C S,HUANG K B,CHAE H,et al.Energy-efficient resource allocation for mobile-edge computation offloading[J].IEEE transactions on wireless

communications,2017,16(3):1397-1411.

[52] ZHANG W W,WEN Y G,GUAN K,et al.Energy-optimal mobile cloud computing under stochastic wireless channel[J].IEEE transactions on wireless communications,2013,12(9):4569-4581.

[53] PAN S,CHEN Y Q.Energy-optimal scheduling of mobile cloud computing based on a modified Lyapunov optimization method[J].IEEE transactions on green communications and networking,2019,3(1):227-235.

[54] BARBAROSSA S,SARDELLITTI S,LORENZO P D.Joint allocation of computation and communication resources in multiuser mobile cloud computing[C]//2013 IEEE 14th Workshop on Signal Processing Advances in Wireless Communications.New York:Institute of Electrical and Electronics Engineers,2013:26-30.

[55] MAO Y Y,ZHANG J,LETAIEF K B.Dynamic computation offloading for mobile-edge computing with energy harvesting devices[J].IEEE journal on selected areas in communications,2016,34(12):3590-3605.

[56] MAO Y Y,ZHANG J,SOING S H.Stochastic joint radio and computational resource management for multi-user mobile-edge computing systems[J].IEEE transactions on wireless communications,2017,16(9):5994-6009.

[57] ZHENG J C,CAI Y M,WU Y,et al.Dynamic computation offloading for mobile cloud computing:a stochastic game-theoretic approach[J].IEEE transactions on mobile computing,2019,18(4):771-786.

[58] LYU X C,TIAN H.Adaptive receding horizon offloading strategy under dynamic environment[J].IEEE communications letters,2016,20(5):878-881.

[59] ASHOK A,STEENKISTE P,BAI F.Vehicular cloud computing through dynamic computation offloading[J].Computer communications,2018,120:125-137.

[60] LI C L,TANG J H,LUO Y L.Dynamic multi-user computation offloading for wireless powered mobile edge computing[J].Journal of network and computer applications,2019,131:1-15.

[61] YAN H,ZHANG X T,CHEN H K,et al.DEED:dynamic energy-efficient data

offloading for IoT applications under unstable channel conditions[J]. Future generation computer systems,2019,96:425-437.

[62] ZHOU X,BILAL M,DOU R,et al.Edge computation offloading with content caching in 6G-enabled IoV[J].IEEE transactions on intelligent transportation systems,2023,25(3):2733-2747

[63] YANG J,CHEN Y,LIN Z,et al.Distributed computation offloading in autonomous driving vehicular networks:a stochastic geometry approach[J].IEEE transactions on intelligent vehicles,2023,9(1):2701-2713.

[64] GUO S T,LIU J D,YANG Y Y,et al.Energy-efficient dynamic computation offloading and cooperative task scheduling in mobile cloud computing[J]. IEEE computer society,2019,18(2):319-333.

[65] GHERMEZCHESHMEH M,SHAH-MANSOURIi V,GHANBARI M.Analysis and performance evaluation of scalable video coding over heterogeneous cellular networks[J].Computer networks,2019,148:151-163.

[66] WANG X M,CHEN X M,WU W W,et al.Cooperative application execution in mobile cloud computing:a stackelberg game approach[J].IEEE communications letters,2016,20(5):946-949.

[67] WANG Y S,WANG X,WANG L.Low-complexity stackelberg game approach for energy-efficient resource allocation in hseterogeneous networks[J].IEEE communications letters,2014,18(11):2011-2014.

[68] TANG L,CHEN H.Joint pricing and capacity planning in thse IaaS cloud market[J].IEEE transactions on cloud computing,2017,5(1):57-70.

[69] XU Y,MAO S W.Stackelberg game for cognitive radio networks with MIMO and distributed interference alignment[J].IEEE transactions on vehicular technology,2014,63(2):879-892.

[70] ZHANG Y,NIYATO D,WANG P.An auction mechanism for resource allocation in mobile cloud computing systems[J].Wireless algorithms,systems,and applications,2013,7992:76-87.

[71] TRUONG-HUU T,THAM C K,NYATO D.A stochastic workload distribution approach for an ad-hoc mobile cloud[C]// 2014 IEEE 6th International Conference on Cloud Computing Technology and Science.New York:Institute

of Electrical and Electronics Engineers,2014:174-181.

[72] MACHOL R E.Queuetheory[J].IRE transactions on education,2007,E-5 (2):99-105.

[73] TELATAR I E,GALLAGE R G.Combining queueing theory with information theory for multi-access[J].IEEE journal on selected areas in communications,1995,13(6):963-969.

[74] LAZAR A.The throughput time delay function of an M/M/1 queue[J].IEEE transactions on information theory,1983,29(6):914-918.

[75] NGO B,LEE H.Analysis of a pre-emptive priority M/M/C model with two types of customers and restriction[J].Electronics letters,1990,26(15): 1190-1192.

[76] WIJEWARDHANA U L,CODREANU M,LATVA-AHO M.An interior-point method for modified total variation exploiting transform-domain sparsity[J]. IEEE signal processing letters,2017,24(1):56-60.

[77] GONDZIO J.Interior point methods 25 years later[J].European journal of operational research,2012,218(3):587-601.

[78] CARDELLINI V,PERSONÉ V D N,VALERIO V D,et al.A game-theoretic approach to computation offloading in mobile cloud computing[J].Mathematical programming,2016,157(2):421-449.

[79] WANG X M,WANG J,WANG X,et al.Energy and delay tradeoff for application offloading in mobile cloud computing[J].IEEE systems journal,2017,11 (2):858-867.

[80] HAGHIGHI V,MOAYEDIAN N S.An offloading strategy in mobile cloud computing considering energy and delay constraints[J].IEEE access,2018, 6:11849-11861.

[81] 葛永琪,董云卫,张健,等.一种能量收集嵌入式系统自适应调度算法[J]. 软件学报,2015,26(4):819-834.

[82] YANG H H,LEE J,QUEK T Q S.Heterogeneous cellular network with energy harvesting-based D2D communication[J].IEEE transactions on wireless communications,2016,15(2):1406-1419.

[83] THUC T K,HOSSAIN E,TABASSUM H.Downlink power control in two-tier

cellular networks with energy-harvesting small cells as stochastic games[J]. IEEE transactions on communications,2015,63(12):5267-5282.

[84] YATES R D,DOOST H M.Energy harvesting receivers:packet sampling and decoding policies[J].IEEE journal on selected areas in communications, 2015,33(3):558-570.

[85] ARAFA A,UULKUS S.Optimal policies for wireless networks with energy harvesting transmitters and receivers:effects of decoding costs[J].IEEE journal on selected areas in communications,2015,33(12):2611-2625.

[86] CANSIZ M,ALTINEL D,KURT G K.Efficiency in RF energy harvesting systems:a comprehensive review[J].Energy,2019,174:292-309.

[87] ZHANG Y,PAN E,SONG L,et al.Social network aware device-to-device communication in wireless networks[J].IEEE transactions on wireless communications,2015,14(1):177-190.

[88] XU C,GAO C,ZHOU Z,et al.Social network-based content delivery in device-to-device underlay cellular networks using matching theory[J].IEEE access,2016,5:924-937.

[89] NING Z,XIA F,KONG X,et al.Social-oriented resource management in cloud-based mobile networks[J].IEEE cloud computing,2016,3(4):24-31.

[90] CHAN W C,LU T C,CHEN R J.Pollaczek-Khinchin formula for the M/G/1 queue in discrete time with vacations[J].IEE proceedings-computers and digital techniques,1997,144(4):222-226.

[91] SCHOROMANS J A,PITTS J M.Solution for M/G/1 queues[J].Electronics letters,1997,33(25):2109-2111.

[92] VLEESCHAUWER D D,PETIT G H,STEYAERT B,et al.Calculation of end-to-end delay quantile in network of M/G/1 queues[J].Electronics letters, 2001,37(8):535-536.

[93] TANG L,CHEN X,HE S.When social network meets mobile cloud:a social group utility approach for optimizing computation offloading in cloudlet[J]. IEEE Access,2016,4:5868-5879.

[94] CHEN X,GONG X,YANG L,et al.Exploiting social tie structure for cooperative wireless networking:a social group utility maximization framework[J].

IEEE/ACM transactions on networking,2016,24(6):3593-3606.

[95] XU J,HOU J,TAN Y,et al.Exponential penalty function method for genera-lized nash equilibrium problem[J].Operations research and management Sci-ence,2014,24(1):81-89.

[96] JAYSWAL A,CHOUDHURY S.Convergence of exponential penalty function method for multi-objective fractional programming problems[J].Ain shams engineering journal,2014,5(4):1371-1376.

[97] ANTCZAK T.A new exact exponential penalty function method and non-con-vex mathematical programming[J].Applied mathematics and computation,2011,217(1):6652-6662.

[98] 罗可,林睦纲,童小娇.最优潮流问题的解耦半光滑牛顿型算法[J].控制与决策,2006,21(5):580-584.

[99] ITO K,KUNISCH K.Semi-Smooth Newton methods for state-constrained opti-mal control problems[J].Systems & control letters,2003,50(3):221-228.

[100] BARRIOS J G,CRUZ J Y B,FERREIRA O P,et al.A semi-smooth Newton method for a special piecewise linear system with application to positively constrained convex quadratic programming[J].Journal of computational and applied mathematics,2016,301:91-100.

[101] LIU J,XIAO M Q.A new semi-smooth Newton multigrid method for parabolic PDE optimal control problems[C]//53rd IEEE Conference on Decision and Control.New York:Institute of Electrical and Electronics Engineers 2014:5568-5573.

[102] YANG K,MARTIN S,QUADRI D,et al.Energy-efficient downlink resource allocation in heterogeneous OFDMA networks[J].IEEE transactions on ve-hicular technology,2017,66(6):5086-5098.

[103] NIE G F,TIAN H,REN J.Energy efficient forward and backhaul link optimi-zation in OFDMA small cell networks[J].IEEE communications letters,2015,19(11):1989-1992.

[104] COHEN R,KATZRI L.Computational analysis and efficient algorithms for micro and macro OFDMA downlink scheduling[J].IEEE/ACM transactions on networking,2010,18(1):15-26.

[105] FEMENIAS G, RIERA-PALOU F. Scheduling and resource allocation in downlink multiuser MIMO-OFDMA systems[J]. IEEE transactions on communications,2016,64(5):2019-2034.

[106] WANG Z W,LIU L H,WANG X D,et al.Resource allocation in OFDMA networks with imperfect channel state information[J].IEEE communications letters,2014,18(9):1611-1614.

[107] KIM S H,PARK S,CHEN M,et al.An optimal pricing scheme for the energy-efficient mobile edge computation offloading with OFDMA[J].IEEE communications letters,2018,22(9):1922-1925.